兽医事业
支持政策体系研究

沈贵银　龙文军　主编

中国农业科学技术出版社

图书在版编目（CIP）数据

兽医事业支持政策体系研究／沈贵银，龙文军主编．—北京：
中国农业科学技术出版社，2012.10

ISBN 978 - 7 - 5116 - 1081 - 2

Ⅰ．①兽…　Ⅱ．①沈…②龙…　Ⅲ．①兽医学 - 财政政策 -
研究 - 中国　Ⅳ．①S851.33

中国版本图书馆 CIP 数据核字（2012）第 230093 号

责任编辑	李　雪　史咏竹
责任校对	贾晓红　郭苗苗

出 版 者	中国农业科学技术出版社
	北京市中关村南大街 12 号　邮编：100081
电　　话	（010）82106626（编辑室）　（010）82109702（发行部）
	（010）82109709（读者服务部）
传　　真	（010）82109707
网　　址	http://www.castp.cn
经 销 者	各地新华书店
印 刷 者	北京富泰印刷有限责任公司
开　　本	787mm ×1 092mm　1/16
印　　张	13
字　　数	205 千字
版　　次	2012 年 11 月第 1 版　2012 年 11 月第 1 次印刷
定　　价	35.00 元

前　言

　　兽医事业的健康发展事关国家食物安全、经济安全、生物安全与人类健康。从 2004 年开始，我国全面加强新时期兽医工作，已初步建立起以《动物防疫法》为核心、基本适应兽医工作发展需要的兽医法律法规体系；着力推进兽医管理体制改革，建立健全省、市、县三级兽医行政管理、动物卫生监督和动物疫病预防控制三类工作机构和基层动物防疫公共服务机构；围绕实施《全国动物防疫体系建设规划》，进一步提高兽医事业发展的基础保障能力，动物疫病防控工作取得明显成效，动物产品安全监管水平逐步提高，兽医科技创新与国际交流取得新进展、新突破，为从根本上控制和扑灭重大动物疫病，实现我国养殖业持续稳定健康发展，保障食品安全和公共卫生安全奠定了重要基础。

　　随着我国传统畜牧业向现代畜牧业的快速转变，全社会对食品安全和公共卫生问题的高度关注以及我国兽医工作全面纳入世界兽医体系的客观趋势，不仅需要进一步提高全社会对兽医工作重要性的认识，同时更需要进一步完善兽医法律法规体系与兽医管理体制，加大对兽医事业的政策支持力度。为此，2010—2011 年，农业部兽医局委托农业部农村经济研究中心成立课题组，开展兽医事业财政支持政策研究工作。

　　两年来，课题组围绕近年来我国公共财政支持兽医事业发展情况分析，《全国动物防疫体系建设规划》等重大动物防疫财政投入项目实施情况的评估，部分发达国家支持兽医事业发展的做法和启示，进一步支持兽医事业发展思路、原则与政策建议等专题开展了较为系统的研究。课题组先后赴湖北、辽宁、江苏、四川等地开展实地调研，分别与省、市、县级兽医主管部门的领导，乡镇兽医站负责人，村级防疫员等进行了深入交流。同时委托北京、上海、重庆、四川、黑龙江、新疆、山东、湖南、江西、江苏、青海、广西、陕西等省（直辖市、自治区）的兽医主管部门展开了专题调研，为课题组深入总结和研究兽医支持政策体系提供了丰富的素材。在此基础上形成报告初稿以后，课题组又多次召开专家研讨会，分别听取了湖北省畜牧局、中国农业科学院、农业部财务司、农业部中国动物疫病防控中心、农业部动物流行病学研究中心、北京市农业局等单位的专家意见，对研究报告进行补充与完善。研究报告提交农业部兽医局以后，得到兽医局相关领导的支持和认可。课题组成员也多次以专家身份参与《全国兽医事业发展"十二五"规划（2011—2015年）》和《国家中长期动物疫病防治规划（2012—2020年）》的修改和讨论工作，提出了相关建议，发挥了研究的决策咨询作用。

财政支持与保障是做好兽医工作的基础。随着我国畜牧业的发展和公众对公共卫生安全特别是动物产品质量安全认知水平的不断提高，不断完善适应国家兽医事业发展要求的公共财政支持政策，突出财政支持兽医发展的重点领域，优化支持兽医发展的财政投入结构，探索政府、企业、社会等经费多方投入机制，加强兽医事业资金投入的效益评价是必然趋势，是一项长期的工作。因此，这项研究只是初步的、尝试性的。

需要说明的是，本研究中有很多数据都是课题组通过调查或者通过各种渠道搜集的结果，并不代表官方数据。课题研究成果和观点并不代表有关兽医主管部门的意见，仅供各级兽医部门和财政部门在研究兽医发展支持政策时参考。研究过程中分析与判断兽医行业发展中存在的问题，都是发展过程中暂时存在的问题，随着国家兽医管理体系改革的推进和强农惠农富农政策体系的完善，兽医事业发展存在突出问题将不断得到解决。

编　者

目 录

导　言

（一）

当前动物疾病的暴发，特别是人畜共患病的发生，造成相当大的经济损失和社会动荡，甚至引起一个国家和地区乃至全球公共安全的恐慌。一个严重的动物公共卫生事件，可以对全球性的农村经济和消费者产生严重冲击，对人类健康构成严重威胁。有效防控动物疫情、保障动物产品卫生安全，事关畜牧业持续健康发展，事关动物产品质量安全，事关人民群众身体健康。近年来，我国畜牧业发展取得了巨大成就：2010 年肉类产量 7 925.8 万吨，比 2005 年增长 14.2%，连续 21 年居世界第一；禽蛋产量 2 762.7 万吨，增长 13.4%，连续 26 年居世界第一；奶类产量 3 748 万吨，增长 30.8%，居世界第三位。畜牧业的快速发展不仅充分保障了城乡居民"菜篮子"产品供给，也让全社会进一步认识到兽医工作的重要性。从 2004 年开始，我国大力推行兽医管理体制改革，目前已初步建立了与国情相适应，满足动物疫病防控和兽医公共卫生工作基本需要的兽医管理体制。重大动物疫病防控力度不断加大，疫情发生呈逐年下降趋势，不仅有力地保护和促进了畜牧业健康发展，也为国家妥善处理难事、成功办大事发挥了重要作用。但在改革过程中，兽医事业政策支持问题越来越突出，加快构建与我国经济社会发展相适应的兽医事业支持政策体系显得十分重要。为此，在农业部兽医局的支持下，农业部农村经济研究中心成立了课题组（以下简称课题组），专门对兽医事业发展支持政策开展研究。

（二）

本研究对近年来，尤其是 2006 年以来我国兽医事业的投入来源、投入机制进行深入研究，分析梳理了全国 20 多个省份的财政支持兽医事业发展情况报告、问卷调查了全国 215 个畜牧生产大县的畜牧兽医事业发展与财政支持情况，实地调研湖北省、四川省达州市、辽宁省黑山县、江苏省扬州市的 4 个乡镇，在此基础上，从省、市、县、乡 4 个层次分析兽医事业投入机制，找出现行投入机制存在的突出问题。与此同时，对近几年重点投入的村级防疫员补助、疫苗补助、扑杀和无害化处理补助投入的效果进行评价分析，还分析了《全国动物防疫体系建设规划》（一期规划）的落实情况。深入研究了我国兽医事业发展面临的机遇和挑战以及国际兽医发展趋势，研究了发达国家支持兽医事业发展的经验并得出启示。最后为进一步完善兽医事业投入提出思路和政策建议。全书大体分为五部分、十三章，主要包括：

第一部分分析了公共财政与兽医的关系，包括第一章和第二章。第一章介绍动物疫病的分类和兽医管理体制。从动物疫病的形成及其分类入手，介绍中国兽医形成历史，分析了中国的兽医管理体制，并根据《中华人民共和国动物防疫法》的规定，进一步明确了各相关主体在动物防疫中的职责。第二章分析公共财政与兽医事业发展的关系。从兽医在经济和社会发展中的重要作用出发，探求公共财政支持兽医事业发展的理论基础，明确了公共财政支持兽医事业发展的主要内容。

第二部分对财政支持兽医事业发展进行了实证分析，包括第三章到到第八章。分别从全国、省、市、县、乡镇等5个层次对财政支持兽医事业发展进行分析。第三章对近年来财政支持兽医事业发展情况进行了分析。分别分析了中央财政资金、地方财政资金、财政投入带动养殖企业投入兽医事业的特点。第四章以湖北省为例，分析了省级财政支持兽医事业发展情况，主要分析了湖北省财政支持兽医事业发展的现状和特点，省财政支持兽医事业发展的主要工作成效，指出了省级相关部门反映出的财政支持兽医事业发展中存在的问题，提出省级财政支持兽医事业发展的建议。第五章以四川省达州市为例分析市级财政支持兽医事业发展的情况，从达州市畜牧业发展实际出发，分析了市兽医事业发展现状、存在的突出问题，提出市级财政支持兽医事业发展的建议。第六章以215个畜牧大县的调研数据和课题组赴辽宁省黑山县的调研资料分析了县级财政支持兽医事业发展情况。分析了县级兽医事业发展现状、存在的突出问题，提出县级财政支持兽医事业发展的建议。第七章以江苏省扬州市的4个乡镇畜牧兽医站为对象，分析财政支持乡镇基层兽医事业情况。分析了4个乡镇畜牧兽医站财政支持情况及存在的问题，提出了财政支持乡镇兽医事业发展的建议。

第三部分是"三补一扶"项目的投入效果研究，包括第八章和第九章。第八章对近年来中央财政投入动物防疫主要项目的实施效果进行了分析。以强制免疫补助、村级防疫员补助、扑杀和无害化处理补贴三项补贴为重点，以省、县两级兽医部门和村级防疫员为重点调研对象，运用问卷调查和访谈的方法，对补贴的总量、各级财政的配套比例、补贴方式等进行深入了解，分析这些补助产生的积极效果，同时分析存在的问题。第九章专门对《全国动物防疫体系建设规划》一期落实效果进行了分析。从一期规划的任务和总体要求出发，分析了到位资金和流向，项目建设效果和存在的问题。

第四部分是国际经验和机遇挑战，包括第十章和第十一章。第十章借鉴了部分发达国家支持兽医事业发展的做法。分别分析了美国、澳大利亚等发达国家支持兽医事业的主要做法，并从中得出有益的启示。第十一章分析了兽医事业发展面临的机遇和挑战。分别分析了兽医事业发展面临的机遇和挑战，同时分析了国际兽医的发展趋势。

第五部分是支持兽医事业发展的思路和建议，包括第十二章和第十三章。第十二章指出了财政支持兽医事业发展的思路和原则。第十三章提出财政支持兽医事业发展政策建议，加大对兽医事业财政支持力度，切实提高各类补助标准，明确中央事权、地方事权与养殖主体经费投入的责任、加强动物防疫体系建设项目的管理。

（三）

本研究中的财政投入主要包括各级财政投入兽医体系建设的资金，而不包括兽医科技、兽药产业等的投入。本研究采用定性与定量研究相结合的方法，通过实地调查与查阅、收集资料，对所研究的问题进行深入阐述。对兽医事业的地位和作用、兽医事业面临的突出问题、兽医事业发展面临的机遇和挑战等的分析，采取定性的方法；而对财政在支持兽医事业发展中的效果分析，则采取定量的方法，运用调研所获得的数据进行细致分析。本研究根据《中华人民共和国动物防疫法》规定，对有关研究内容作出界定，动物疫病防控体系包括动物疫病监测预警、预防控制、防疫检疫监督、兽药质量监督与残留监控、防控技术支撑、兽医诊疗服务等方面内容。从基层动物疫病防控工作的实际出发，根据公共财政的相关理论，动物疫病防控体系的工作性质与支持路径可作如下分类。

（1）由各级政府提供公共服务，主要有3种方式。一是政府直接提供的兽医事业公共服务（包括组织动物疫病防控工作），监督实施动物强制免疫，开展疫情调查、监测、统计，依法承担动物和动物产品检疫及监督检查、兽药监督管理等工作，履行畜牧、饲料、草原等公益性职能等；二是政府补贴非公职人员（如村级动物防疫员）提供公共服务，如协助实施动物强制免疫、计划免疫，辖区内疫情报告与统计，参与动物疫病防控工作等；三是政府资助的社会公益类机构提供公共服务，包括疫病防控技术支撑（检验、诊断，诊断试剂、防治药物与疫苗研发，基础研究等）、畜牧兽医防控技术普及推广与人员培训。

（2）由企业、专业协会、合作社以及农业一体化组织等提供动物疫病防控服务。只承担企业自身、协会与合作社成员养殖的动物疫情监测、统计、报告、疫病防控与生产技术服务，属于特定范围内的动物疫病防控工作，其人、财、物的投入主要由企业以及养殖户自身承担，所提供的服务也具有内在化性质。

（3）通过市场化机制提供动物疫病防控服务。如兽医诊疗服务；疫苗、兽药销售等。按照《农业部关于深化乡镇畜牧兽医站改革的意见》（农医发［2009］9号），乡镇畜牧兽医站公益性服务工作经费的来源可以有三种形式。一是由县级动物防疫监督机构派出的畜牧兽医站直接实施，人员工资纳入财政全额预算，按规定收取的行政事业性收费实行"收支两条线"管理，全额上缴财政；二是由县级动物防疫监督机构派出的畜牧兽医站按照公益性服务工作量，聘任一定数量的防疫员，由政府给予补贴，所收取的行政事业性收费按比例返还作为工作经费；三是县级派出机构和乡镇政府共同组织，通过招投标方式，由诊疗机构或执业兽医承担公益性技术服务，政府支付所需工作经费。

（四）

本研究主要有两大贡献。

一是充实了动物卫生经济学理论。动物卫生经济学的理论框架涉及公共政策的评估，但具体到对现行政策执行效果的评估，现有的有关文献均未深入说明。本研究在政策评估方法上，采用定性与定量分析相结合的方法，从基层调研中获得大量的一手资料，专门用定性的方法对财政投入兽医事业发展的政策进行评估，进一步充实了理论的内容。

二是为国家决策咨询提供参考。近年来，动物防疫法律体系、政策体系、工作体系逐步健全，我国兽医国际地位大幅提升，本研究为谋划未来兽医事业的发展奠定了坚实基础。此项研究成果提交农业部兽医局以后，为兽医主管部门相关决策提供了重要参考借鉴，尤其是在制定《国家动物疫病防治中长期规划（2011—2020 年）》和《全国兽医事业发展"十二五"规划（2011—2015 年）》的过程中起到了重要作用。

　　本研究的相关观点和看法只代表研究单位专家学者的意见，并不代表兽医主管部门的意见。希望本研究能够为完善我国兽医事业财政支持体系进一步发挥作用，为兽医相关政策研究提供参考。

第一章
动物疫病和兽医管理体制

从原始社会开始，人类就大量猎捕动物以获取食物，并逐步饲养动物，出现了家畜家禽。随着社会的发展与进步，动物的用途逐步多样化，除主要供食用外，还用于使役、观赏、守卫、伴侣、演艺等各个方面，涉及生产、生活、科研、国防等各个领域。动物与人类的关系越来越密切，已成为人类生活和社会发展不可或缺的重要方面。

一、动物疫病及其分类

有动物的存在，就可能会有疫病的滋生。有的疫病只在动物个体身上出现，有的疫病会在动物之间传染和流行，还有的疫病会在人与动物之间传染和流行。目前世界上已知的人畜共患病包括病毒病、寄生虫病、衣原体病、真菌病等多达几百种，其中如血吸虫病、狂犬病、布氏杆菌病、结核病、炭疽病等，都曾给人类带来灾难性的危害，还有一些新的人畜共患病在陆续被发现和证实。世界各国发生的动物疫病不仅对其经济造成重大损失，而且产生了强烈的政治影响。为了加强对动物疫病的认识，科学家对动物疫病作出了界定和划分，并根据动物疫病对养殖业生产和人体健康的危害程度，中国将动物疫病如表 1－1 所示分为三类：对人畜危害严重、需要采取紧急、严厉的强制预防、控制、扑灭措施的为一类疫病；可造成重大经济损失、需要采取严格控制、扑灭措施，防止疫情扩散蔓延的为二类疫病；常见多发、可能造成重大经济损失、需要控制和净化的为三类疫病。表 1－2 所示为国际动物卫生组织规定的法定报告疾病，与中国动物疫病的分类方式略有不同。

表1-1　中国动物疫病病种名录及分类

类　别		病　名
一类动物疫病（17种）		口蹄疫、猪水泡病、猪瘟、非洲猪瘟、高致病性猪蓝耳病、非洲马瘟、牛瘟、牛传染性胸膜肺炎、牛海绵状脑病、痒病、蓝舌病、小反刍兽疫、绵羊痘和山羊痘、高致病性禽流感、新城疫、鲤春病毒血症、白斑综合征
二类动物疫病（77种）	多种动物共患病（9种）	狂犬病、布鲁氏菌病、炭疽、伪狂犬病、魏氏梭菌病、副结核病、弓形虫病、棘球蚴病、钩端螺旋体病
	牛病（8种）	牛结核病、牛传染性鼻气管炎、牛恶性卡他热、牛白血病、牛出血性败血病、牛梨形虫病（牛焦虫病）、牛锥虫病、日本血吸虫病
	绵羊病和山羊病（2种）	山羊关节炎脑炎、梅迪-维斯纳病
	猪病（12种）	猪繁殖与呼吸综合征（经典猪蓝耳病）、猪乙型脑炎、猪细小病毒病、猪丹毒、猪肺疫、猪链球菌病、猪传染性萎缩性鼻炎、猪支原体肺炎、旋毛虫病、猪囊尾蚴病、猪圆环病毒病、副猪嗜血杆菌病
	马病（5种）	马传染性贫血、马流行性淋巴管炎、马鼻疽、马巴贝斯虫病、伊氏锥虫病
	禽病（18种）	鸡传染性喉气管炎、鸡传染性支气管炎、传染性法氏囊病、马立克氏病、产蛋下降综合征、禽白血病、禽痘、鸭瘟、鸭病毒性肝炎、鸭浆膜炎、小鹅瘟、禽霍乱、鸡白痢、禽伤寒、鸡败血支原体感染、鸡球虫病、低致病性禽流感、禽网状内皮组织增殖症
	兔病（4种）	兔病毒性出血病、兔黏液瘤病、野兔热、兔球虫病
	鱼类病（11种）	草鱼出血病、传染性脾肾坏死病、锦鲤疱疹病毒病、刺激隐核虫病、淡水鱼细菌性败血症、病毒性神经坏死病、流行性造血器官坏死病、斑点叉尾鮰病毒病、传染性造血器官坏死病、病毒性出血性败血症、流行性溃疡综合征
	蜜蜂病（2种）	美洲幼虫腐臭病、欧洲幼虫腐臭病
	甲壳类病（6种）	桃拉综合征、黄头病、罗氏沼虾白尾病、对虾杆状病毒病、传染性皮下和造血器官坏死病、传染性肌肉坏死病
三类动物疫病（63种）	多种动物共患病（8种）	大肠杆菌病、李氏杆菌病、类鼻疽、放线菌病、肝片吸虫病、丝虫病、附红细胞体病、Q热
	牛病（5种）	牛流行热、牛病毒性腹泻-黏膜病、牛生殖器弯曲杆菌病、毛滴虫病、牛皮蝇蛆病
	绵羊病和山羊病（6种）	肺腺瘤病、传染性脓疱、羊肠毒血症、干酪性淋巴结炎、绵羊疥癣、绵羊地方性流产
	马病（5种）	马流行性感冒、马腺疫、马鼻腔肺炎、溃疡性淋巴管炎、马媾疫
	猪病（4种）	猪传染性胃肠炎、猪流行性感冒、猪副伤寒、猪密螺旋体痢疾

续表

类　别		病　名
三类动物疫病（63种）	禽病（4种）	鸡病毒性关节炎、禽传染性脑脊髓炎、传染性鼻炎、禽结核病
	蚕、蜂病（7种）	蚕型多角体病、蚕白僵病、蜂螨病、瓦螨病、亮热厉螨病、蜜蜂孢子虫病、白垩病
	犬猫等动物病（7种）	水貂阿留申病、水貂病毒性肠炎、犬瘟热、犬细小病毒病、犬传染性肝炎、猫泛白细胞减少症、利什曼病
	鱼类病（7种）	鲴类肠败血症、迟缓爱德华氏菌病、小瓜虫病、黏孢子虫病、三代虫病、指环虫病、链球菌病
	甲壳类病（2种）	河蟹颤抖病、斑节对虾杆状病毒病
	贝类病（6种）	鲍脓疱病、鲍立克次体病、鲍病毒性死亡病、包纳米虫病、折光马尔太虫病、奥尔森派琴虫病
	两栖与爬行类病（2种）	鳖腮腺炎病、蛙脑膜炎败血金黄杆菌病

资料来源：中华人民共和国农业部，中华人民共和国农业部公告第 1125 号［EB/OL］.

［2008－12－23］. http：//www. moa. gov. cn/zwllm/tzgg/gg/200812/t20081223_ 1194404. htm.

表1－2　国际动物卫生组织法定报告的疾病

类　别		病　名
A类疾病（15种）		口蹄疫、水泡性口炎、猪水泡病、牛瘟、小反刍兽疫、牛传染性胸膜肺炎、结节性皮肤病、裂谷热、蓝舌病、绵羊痘和山羊痘、非洲马瘟、非洲猪瘟、古典猪瘟、高致病性禽流感、新城疫
B类疾病（90种）	多种动物共患病（10种）	炭疽病、伪狂犬病、棘球蚴病、钩端螺旋体病、狂犬病、副结核病、Q热、新大陆螺旋蝇蛆病、旧大陆螺旋蝇蛆病、心水病
	牛病（15种）	牛布氏杆菌病、牛生殖道弯曲杆菌病、牛结核病、地方流行性牛白血病、牛传染性鼻气管炎、毛滴虫病、牛边虫病、牛巴贝虫病、牛囊尾蚴病、嗜皮菌病、泰勒氏虫病、出血性败血症、牛海绵状脑病、恶性卡他热、锥虫病
	绵羊和山羊病（11种）	绵羊附睾炎、山羊和绵羊布氏杆菌病、接触传染性无乳症、山羊关节炎脑炎、梅迪-维斯那病、山羊传染性胸膜肺炎、母羊地方性流产（绵羊衣原病）、羊肺腺瘤病、沙门氏菌病、内罗毕羊病、痒疫
	马病（15种）	马传染性子宫炎、马媾疫、马脑脊髓炎、马传染性贫血、马流感、马巴贝斯病、马鼻肺炎、马鼻疽、马毒性动脉血症、马螨病、委内瑞拉马脑脊髓炎、流行性淋巴管炎、日本脑炎、马痘、苏拉病
	猪病（7种）	猪萎缩性鼻炎、猪布氏杆菌病、旋毛虫病、肠毒性脑脊髓、猪传染性胃肠炎、猪囊尾蚴、猪生殖和呼吸综合征
	禽病（13种）	传染性法氏囊病、马立克氏病、禽支原体病、禽衣原体、鸡伤寒、禽传染性支气管炎、禽传染性喉气管炎、禽结核、鸭病毒性肝炎、鸭病毒性肠炎、禽霍乱、禽痘、鸡白痢

续表

类　别	病　名	
B类疾病 （90种）	兔病 （3种）	黏液瘤病、土拉杆菌病、兔病毒性出血病
	蜂病 （5种）	蜂螨病、美洲幼虫腐臭病、欧洲幼虫腐臭病、蜂孢子虫病、瓦螨病
	鱼病 （5种）	地方流行性造血器官坏死、传染性造血器官坏死、麻苏大马哈鱼病毒病、鲤春病毒病、病毒性出血性败血症
	软体动物病 （5种）	博纳米欧病（音译）、单孢子虫病、马泰氏孢子虫病（音译）、小红细胞症、拍琴虫病（音译）
	其他动物病 （1种）	利什曼原病

资料来源：闫若潜，李桂喜，孙清莲．动物疫病防控工作指南［M］．北京：中国农业出版社，2009.

二、兽医的出现

（一）中国古代兽医的发展

远古的原始社会，人类开始驯化野生动物，并将其转变为家畜家禽。人类在饲养动物的过程中逐步对动物疾病有所了解，不断地寻求治疗方法，促成了兽医知识的起源。考古发现，在新石器时代，人类为了保护所饲养的动物，就已开始把火、石器、骨器等战胜自然的工具用于防治动物疾病。

我国夏商时期的甲骨文、《周礼》、《诗经》和《山海经》中，均有关于人畜通用与兽医专用药物的记载，提出对于胃肠病、体内寄生虫病、齿病等一些人畜共患病，采用灌药、手术、护理、食疗等综合治疗措施。贾思勰所著的《齐民要术》中有畜牧兽医专卷，记录了包括掏结术，猪、羊的去势术，用削蹄法治疗漏蹄，以及群发病的防治措施等防治动物疾病的方法四十多种，反映出当时的兽医技术已达到了较高水平。宋代还设有我国最早的动物尸体剖检机构"皮剥所"和最早的兽医药房"药蜜库"。

明代著名科学家李时珍（公元1518—1593年）编著了举世闻名的《本草纲目》，收载药物1 892种，方剂11 096个，其中专述兽医方面的内容有二百多条。清代李玉书对《元亨疗马集》进行了改编，并将该书更名为《牛马驼经全集》。《活兽慈舟》收录了马、牛、羊、猪、犬、猫等动物的病症240余种，是我国较早记载犬、猫疾病的书籍。《猪经大全》是我国现存中兽医古籍中唯一的一部猪病学专著。

（二）现代中国兽医的发展

新中国成立以后，兽医工作得到较快发展。1956年1月，国务院颁布了"加强民间兽医工作的指示"，对兽医提出了"团结、使用、教育和提高"的政策，中国兽医事业发展取得了丰硕的成果。改革开放特别是进入新世纪以来，随着我国养殖业规模不断扩大、商品率不断提高、养殖密度和流通半径不断加大，特别是在经历了禽流感、口蹄疫、猪蓝耳病等重大疫情后，参照国际社会加强动物疫病防控工作与兽医公共卫生工作的经验与做法，根据国际动物卫生组织（Office of International Epizootics，简称OIE）等国际组织的有关法规，借鉴发达国家兽医管理体制，我国加快了兽医管理体制改革的步伐，密集出台了加强动物疫病防控与兽医公共卫生工作的一系列政策法规，转变了财政支持方式，加大了财政支持力度，兽医事业在保障养殖业健康发展，维护社会公共卫生安全，保护人民群众身体健康等方面取得了显著成绩。

2004年预防控制高致病性禽流感的实践，暴露出当时我国的动物防疫体系和兽医公共卫生管理体制等方面还存在不少突出问题和薄弱环节，与全面加强动物卫生工作的总体要求相比还存在较大差距。为此，2004—2012年，除2011年以外的8个中央一号文件，都把加快推进兽医管理体制改革，建设与完善我国动物疫病防控体系与兽医公共卫生体系，加大对兽医事业的支持力度作为重要内容列入其中，并从体制创新、体系建设、投入保障、队伍建设等多方面出台了一系列政策措施，有力地促进了符合中国国情的兽医管理体制的建立与完善，全面推进了科学合理的动物防疫体系建设，逐步提高了重大动物疫病防控、动物产品卫生质量安全监管、突发兽医公共卫生应急处理等方面的能力。

当前，现代兽医在国家的经济社会发展中的地位十分重要。根据国际动物卫生组织（OIE）颁布的《国际动物卫生法典》（2002年版）关于各国兽医机构评估准则中有关职能和立法支持条款规定，兽医机构的职能主要包括动物卫生与兽医公共卫生控制两大职能。其中，动物卫生控制包括：管理动物卫生状况；制定动物卫生（动物疾病）控制计划；建立能涵盖国家所有农业区域和所有兽医行政管辖区的、有效的动物疫病报告系统等。兽医公共卫生控制包括：对动物产品卫生状况进行有效控制，特别是对整个屠宰、加工运输和贮运阶段的肉和肉制品卫生的控制；监测和控制人畜共患病并与医疗部门保持联系；监控动物、动物源性食品和动物饲料中环境和其他化学污染物；对兽药、生物制品及诊断试剂监管控制；推进动物卫生控制与兽医公共卫生的结合，如开展全国性动物流行病学监测等。通过以上论述，可以概括兽医机构主要职能是保障动物健康、保障食品安全、防控人畜共患病以及支持生物医学科学研究等，所涵盖的业务工作包括流行病学监测、疾病控制、进口控制、动物疫病报告体系、动物标识系统、动物流动控制系统、流行病学信息交流、检验与出证、实验室及野外系统及其组织关系等。

三、中国的兽医管理体制

兽医管理体制改革是根据党的十六大和十六届三中全会关于深化行政管理体制改革，完善政府社会管理和公共服务职能的精神提出的。改革和完善兽医管理体制，对于从根本上控制和扑灭重大动物疫病，保障人民群众身体健康，提高动物产品质量安全水平和国际竞争力，促进农业和农村经济发展，具有十分重要的意义。2005 年，国务院出台《关于推进兽医管理体制改革的若干意见》（国发〔2005〕15 号），同年 7 月 11 日农业部出台《关于贯彻〈国务院关于推进兽医管理体制改革的若干意见〉的实施意见》（农医发〔2005〕19 号），全面启动兽医管理体制改革工作。该项工作已取得初步成效：一是通过兽医管理体制改革，基本形成了中央、省、市、县四级兽医行政管理、兽医执法与兽医技术等三大机构的新格局，明确了各级兽医管理部门在应对重大动物疫病工作中的职责与分工，加快了官方兽医和执业兽医制度建设，初步构建了机构健全、分工明确、运转高效的兽医工作体系；二是在动物防控体系建设方面，推动了动物疫情监测体系，省、市、县、乡、村 5 级动物疫情报告网络基本形成，重大动物疫病应急反应和风险防范机制初步建立，重大动物疫病控制扑杀计划全面实施，动物疫病区域化管理制度基本建立；三是在动物卫生执法监督方面，推进动物标识及疫病可追溯体系建设，开展无规定动物疫病区评估工作，建立残留超标产品追溯制度，强化重大动物疫病疫苗监管等，提高动物防疫和动物产品质量安全全程监管能力；四是创新兽医事务协调交流合作机制，调动各级各类兽医资源合力促进动物疫病防控工作，国际兽医事务合作机制得到加强，国内省际间兽医行政执法工作横向联系与协作机制、重大动物疫病防控联防联动机制初步形成。中国兽医管理体系见图 1－1。

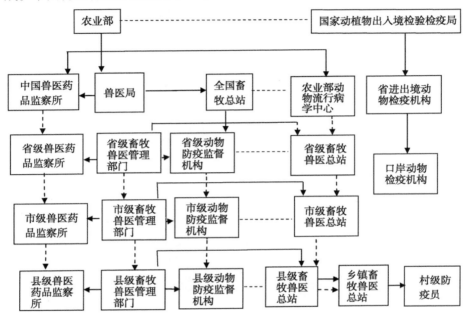

图 1－1　中国兽医管理框架体系

资料来源：陆昌华，王长江，吴孜态. 动物卫生经济学及其实践［M］. 北京：中国农业科学技术出版社，2006：9.

截至 2011 年，全国按照乡镇或者区域共设置畜牧兽医站 34 616 个，乡镇畜牧兽医站的职能任务和工作机制进一步明确①。十七届三中全会提出，普遍建立健全基层动物防疫机构。2011 年农业部出台了《关于推进执业兽医制度建设工作的意见》，首次明确提出我国执业兽医制度建设工作的总体框架、发展思路和具体要求。继续开展全国执业兽医资格考试，不断壮大执业兽医队伍。开展动物卫生监督执法人员官方兽医资格确认工作，强化官方兽医专业化培训。推动 OIE 认可我国 5 家实验室为 OIE 参考实验室。兽医

① 高鸿宾. 高鸿宾在 2011 年全国畜牧兽医工作会议上的讲话［N］. 中国畜牧兽医报，2012－01－12.

社会化服务体系和公共服务体系建设迈出了坚实的一步，与国际接轨的新型兽医制度框架初步建立。

四、各相关主体在动物防疫中的职责划分[①]

《中华人民共和国动物防疫法》对各级人民政府和兽医主管部门有明确的职责要求，对有关单位、个人的责任义务也提出了具体要求。

（一）各级政府及兽医主管部门的主要职责

1. 县级以上人民政府的主要职责

（1）加强对动物防疫工作的统一领导。动物防疫工作实行政府负总责，政府主要领导是第一责任人。

（2）切实加强基层防疫队伍建设。

（3）建立健全动物防疫体系。一是健全兽医工作体系，改革和完善兽医管理体制；二是建立科学合理的经费保障机制；三是加快兽医工作的法律法规体系建设。

（4）制定和组织实施动物疫病防治规划。即为达到在一定时间内对某种动物疫病实施预防、控制和扑灭的总体目标，在一段时期内对不同疫病采取相应措施的长期规划。

2. 乡级人民政府、城市街道办事处主要职责

组织群众协助做好本辖区内的动物疫病预防与控制工作。

3. 国务院兽医主管部门主要职责

国务院兽医主管部门即农业部，具体工作由兽医局承担，主管全国的动物防疫和动物防疫监督工作。其主要职责：依法起草、制定《动物防疫法》配套法规；制定国家动物疫病防治规划和监督计划，确定国家适当的动物卫生保护水平；规定公布动物疫病的病种名录，会同国务院卫生主管部门制定并公布人畜共患传染病名录，制定公布动物疫病预防办法和技术规范；确定强制免疫的动物疫病病种和区域，并会同国务院有关部门制定国家动物疫病强制免疫计划；规定动物疫病监测程序和方法，根据对动物疫病发生、流行

---

① 闫若潜、李桂喜、孙清莲. 动物疫病防控工作指南［M］. 北京：中国农业出版社，2009：16－20.

趋势的预测，以及发出动物疫情预警，制定种用、乳用、役用、观赏、演艺、参赛等动物和宠物的健康标准；规定动物饲养场、养殖小区与动物屠宰、经营、隔离场所，动物产品生产、经营、加工、贮藏场所，以及动物和动物产品无害化处理场所的动物防疫条件；规定或者会同有关部门共同规定实验动物管理制度，以及采集、保存、运输动物病料或者病原微生物以及从事病原微生物研究、教学、检测、诊断等活动的管理制度和操作规程；制定无规定动物疫病区建设标准和评估规范，组织评估无规定动物疫病区，并公布合格的无规定动物疫病区名录；统一管理认定重大动物疫情，负责公布全国动物疫情，依照我国缔结的条约、协定，及时向有关国际组织或者贸易方通报重大动物疫情的发生和处理情况；规定疫点、疫区、受威胁区的撤销和疫区封锁的解除标准和程序；对动物疫病状况进行风险评估，根据评估结果制定和公布相应的动物疫病预防、控制技术规范；制定职业兽医资格考试、注册办法，颁发执业兽医、官方兽医资格证书；制定乡村兽医诊疗人员和诊疗服务活动的管理办法及动物诊疗许可证的发放办法；制定动物和动物产品检疫的行业标准、检疫对象，颁布动物、动物产品检疫技术规程以及检疫管理办法；规定动物防疫证、章、标志；制定检疫证明、检疫标志的格式与管理办法。

4. 县级以上地方人民政府兽医主管部门主要职责

负责主管本行政区域内的动物防疫及其监督管理工作，并组织实施动物防疫的法律规范和技术规范；根据国家动物疫病监测计划，制定本行政区域的动物疫病监测计划，并根据对当地动物疫病发生、流行趋势的预测，及时发出动物疫情预警；根据国家动物疫病强制免疫计划，制定本行政区域的强制免疫计划，并根据本行政区域的动物疫病流行情况，增加实施强制免疫的动物疫病病种和区域，报本级人民政府批准和农业部备案后执行；负责动物防疫条件的审批以及动物防疫条件合格证的颁发；认定当地动物疫情，在发生人畜共患传染病时，与同级卫生主管部门及时相互沟通，并根据农业部授权，公布本行政区域内的动物疫情（省级）；发生一类动物疫情时，负责立即派人到现场划定疫点、疫区、受威胁区，采集病料，调查疫源，及时报请同级人民政府决定对疫区实行封锁，将疫情等情况逐级上报国务院兽医行政管理部门；发生二类动物疫情时，负责划定疫点、疫区、受威胁区；负责动物诊疗活动的管理、审批和动物诊疗许可证的颁发；根据动物防疫工作需要，在乡（镇、区）设立兽医工作机构；负责对兽医人员培训、考核和管理。

5. 县级以上人民政府其他相关部门主要职责

在各自的职责范围内做好动物防疫工作。动物防疫工作涉及政府多个部门，在现行的分管体制下，更强调"政府统一领导，部门分工负责"的工作机制。县以上人民政府的卫生、商务、海关、交通、公安部门和工商、质检、林业等部门应当在政府的统一领导下，依法履行各自的职责，确保动物疫病预防、控制和扑灭以及监测和应急等工作的顺利进行。

6. 军队和武装警察部队动物卫生监督职能部门主要职责

分别负责军队和武装警察部队现役动物及饲养自用动物的防疫工作。现役动物是指直接用于军事训练和侦察作战任务的动物，包括军马、军犬、军鸽等；饲养自用动物指饲养的用于自身消费的所有动物。但是，其生产的动物、动物产品若超出了军队的自身需要，剩余部分进入了市场流通领域，就应依法对其实行统一的动物防疫管理。

7. 动物卫生监督机构主要职责

动物卫生监督机构负责动物检疫工作和其他有关动物防疫的监督管理执法工作，对辖区内的动物、动物产品依法实施检疫；对辖区内单位和个人执行本法及有关动物卫生法律法规的技术规范的情况进行监督和检查；纠正、处理违反动物卫生法律、法规和规章的行为，决定动物卫生行政处理、处罚；负责对动物诊疗和执业兽医的监督管理；负责畜禽标识和养殖档案的监督管理工作。

8. 动物疫病预防控制机构主要职责

动物疫病预防控制机构是兽医行政管理和执法监督的重要技术保障和依托。主要负责实施动物疫病的监测、检测、预警、预报、实验室诊断、流行病学调查、疫情报告；提出重大动物疫病防控技术方案；动物疫病预防技术指导、技术培训、科普宣传；承担动物产品安全相关技术检测工作。

（二）有关单位、个人的责任义务

1. 从事动物饲养、屠宰、经营、隔离、运输以及动物产品生产、经营、加工、贮藏等活动的单位和个人的责任和义务

（1）遵守《动物防疫法》和国家有关规定，做好各种动物疫病预防

工作。

（2）饲养种用、乳用动物和宠物应当符合国家规定的健康标准。

（3）承担动物疫病预防所需费用，如预防接种、驱虫、消毒等费用，配备必要的动物疫病预防工作人员、设备并承担相关工作人员进行必要的技术培训的费用，支付动物疫情的监测费用等。

（4）发现动物疫病，必须立即向当地动物防疫监督机构报告。不得瞒报、谎报、迟报或阻碍他人报告动物疫情。

（5）遵守县级以上人民政府及其兽医主管部门依法作出的有关控制、扑灭动物疫病的规定，依法接受动物卫生监督机构的监督和查处。

（6）接受当地疫情预防控制机构的检测。检测不合格的，应当按照国务院兽医主管部门的规定予以处理。

（7）禁止屠宰、经营、运输、贮藏、生产下列动物和动物产品：①封锁疫区内患病动物的同群或同类或能够发生相互感染的其他种类的动物以及这些动物的产品等；②疫区内易感染的动物和被污染的动物产品；③依法应当检疫而未经检疫或者检疫不合格的动物、动物产品；④染疫或者疑似染疫、病死或者死因不明的动物、动物产品；⑤其他不符合国务院兽医主管部门有关动物防疫的检疫办法、检疫规程、技术标准等规定的动物、动物产品。

2. 动物诊疗机构的条件及责任义务

从事动物诊疗活动的机构，应严格遵守《动物诊疗机构管理办法》。

（1）动物诊疗机构的基本条件。①动物诊疗场所条件要求：从事畜禽疫病诊疗，应设有布局合理的诊断室、手术室、药房等；从事宠物疫病诊疗应设有布局合理的诊疗室、手术室、病房、药房、化验室、隔离室等；动物诊疗场所应适当远离学校、幼儿园等公共场所和动物养殖、屠宰、动物交易场所，或与以上区域建立有效隔离屏障。②动物诊疗人员条件要求：必须是当地县级兽医主管部门注册的执业兽医。③动物诊疗的管理制度：需遵守动物疫情报告制度、环境及器械卫生消毒制度、病例、处方管理制度、生物制品使用管理制度、毒麻和精神药品使用管理制度、化验检验管理制度、公示制度、无害化处理制度等。④动物诊疗活动必须办理动物诊疗许可证，许可对象主要包括以下几类：从事宠物疫病诊疗的动物医院、动物诊所等；从事畜禽疫病诊疗的兽医院、门诊部等；动物养殖场和动物园等单位内设的动物疫病诊疗部门对外提供诊疗服务的；科研、教学、检验等单位对外提供诊疗服务的。以上许可对象，应当向县级以上兽医主管部门申请办理动物诊疗许可证，凭此证向工商行政管理部门申请办理登记注册手续，取得营业执照后，方可从事动物诊疗活动。

（2）动物诊疗机构的责任义务。动物诊疗机构应依法从事动物诊疗活动，严格执行相关防疫制度。对诊疗工作人员、畜主、就诊动物、住院动物采取卫生安全防护措施；定期对诊疗场所、设施设备、器械及环境进行消毒；诊疗区、病房、手术区、化验区等应做到相对隔离；一旦发现染疫动物应立即采取隔离措施；对动物尸体、动物组织及其排泄物，使用过的针头、纱布等废弃物分别置于防渗漏、防锐器穿透的专用包装物或者密闭容器内统一无害化处理，污水消毒后再排放。发现疫情时应立即报告，及时提供相应的检验、诊断等资料。发生重大疫情时，应配合动物卫生监督机构做好疫情的诊断、控制和扑灭工作。

3. 畜牧兽医教学科研单位的责任义务

（1）应严格执行生物安全规定，杜绝在科研教学实验中病原微生物的污染和扩散。

（2）发现疫情立即报告，及时提供相应的检验、诊断等资料。配合动物卫生监督机构做好疫病的诊断、控制和扑灭工作。

（3）承担重大动物疫病及疑难病防控的科研任务。

4. 官方兽医、执业兽医和乡村兽医人员的责任义务

（1）官方兽医。官方兽医为国家公务员，代表国家行使法律规定的权力，其最高行政长官为首席兽医官，官方兽医由国家畜牧兽医行政管理部门授权，代表国家和地方政府对动物生产、加工、流通等环节的动物防疫以及与之相关的公共卫生情况进行监督检查，并可签署有关健康证书。官方兽医有3个重要的职能：检疫执法、出示检疫证书并对其负责；负责对动物产品生产一直到餐桌全过程的卫生监管；对社会防疫监督，并负责通报给自己的上级首席兽医官。官方兽医主要执行以下监督检查任务：对动物、动物产品经营单位进行监督检查；对动物在饲养和流通中的环节进行监督检查；对法定的动物产品生产、流通中的环节进行监督检查；对动物屠宰，依法实施检疫、监督；对动物饲养场、养殖小区与动物屠宰、经营、隔离场所，动物产品生产、经营、加工、贮藏场所，以及动物和动物产品无害化处理场所的动物防疫条件，进行监督检查；对动物诊疗单位的诊疗条件以及动物卫生安全

防护、消毒、隔离和诊疗废弃物处置的情况监督检查；对国家强制免疫的动物病种，监督检查有关单位和个人执行落实情况。

（2）执业兽医。通过建立执业兽医资格考试制度和执业兽医注册制度，严格执业兽医的入门资格，激励兽医人员学习业务技术，保证执业兽医队伍整体素质的不断提高。成为职业兽医师需满足两个方面的条件：一是专业学历，只有经过兽医相关专业（兽医、畜牧、微生物、水生动物）专科以上学历后，方可申请从事执业兽医工作；二是官方准入，对取得专业学历，拟从事兽医临床或有关动物诊疗工作的，必须参加国家统一组织的资格考试，通过资格考试的人员方能取得在本地区行医的资格。

执业兽医在国家动物卫生工作中承担着基础的保障功能。首先是通过预防、诊疗、咨询，降低疫病的发生风险，减少因疫病引起畜牧业损失和公共卫生问题；其次，执业兽医在疫病防控中起着及时发现和报告疫情的前哨作用，也是疫情控制的重要力量。执业兽医经执业注册后方能取得从事动物诊疗、开具兽药处方的权利。但这些权利是受范围限制的。只能在其注册地点、注册的执业范围内从事相应的动物诊疗活动，否则均应视为违法行为。作为执业兽医，当动物疫病暴发或发生其他紧急情况时，应及时报告，按照当地兽医主管部门的要求，参加预防、控制和扑灭动物疫病的活动。执业兽医应严格遵守《执业兽医管理办法》。

（3）乡村兽医服务人员。乡村兽医服务人员（村级防疫员）在当地兽医行政主管部门的管理下、当地动物疫病预防控制机构和当地动物卫生监督机构的指导下，在其所负责的区域内主要承担以下工作职责：①协助做好动物防疫法律法规、方针政策和防疫知识宣传工作；②负责本区域的动物免疫工作，并建立动物养殖和免疫档案；③负责对本区域的动物饲养及发病情况进行巡查，做好疫情观察和报告工作，协助开展疫情巡查、流行病学调查和消毒等防疫活动；④掌握本村动物出栏、补栏情况，熟知本村饲养环境，了解本地动物多发病、常见病，协助做好本区域的动物产地检疫及其他监管工作；⑤参与重大动物疫情的防控和扑灭等应急工作；⑥做好当地政府和动物防疫机构安排的其他动物防疫工作任务。

政府部门兽医队伍和执业兽医队伍是我国动物疫病防控工作的两支中坚力量，乡村兽医在一定时期内仍是农村动物疫病防控工作的主要力量。乡村兽医在乡村从事动物诊疗服务活动的，应严格执行《乡村兽医管理办法》。

第二章
公共财政与兽医事业发展

兽医事业不仅仅涉及防控重大动物疫病，确保畜牧业生产持续、健康发展的问题，还涉及维护兽医公共卫生，防范人畜共患疾病，保障人类健康，确保动物生产投入品与动物产品的质量安全等问题。同时，在国际贸易中，还要承担起既要保障动物及动物产品的国际贸易不受阻碍，又要确保人类和动物健康无不可接受的风险的职责。概言之，兽医行业不仅仅是为畜牧业生产服务的行业，更重要的是为人类和动物健康服务的行业。兽医事业的稳定健康发展事关国家食物安全、经济安全、生物安全与人民健康，因此，把兽医事业的健康稳定发展置于国民经济与社会发展的全局去考虑十分必要。

一、兽医在经济和社会发展中的重要作用

（一）兽医事业是支撑畜牧业健康稳定发展，确保国家动物源性食物数量安全的重要保障

随着经济社会的快速发展和人们物质生活水平的提高，畜产品在城乡居民日常食物消费中占重要的比例，肉类、禽蛋、奶类消费在人们日常食物供给中所占的份额越来越高。2010 年，我国人均肉类、禽蛋与牛奶消费量分别达到 45.8 千克、20.7 千克和 26.7 千克，分别是 2000 年的 1.22 倍、1.2 倍和 4.05 倍。预计未来，我国城乡居民人均畜产品的消费量还将保持年均 2% 左右的增长率。畜牧业同时也是农业农村经济发展的重要支柱产业，为优化农业产业结构，增加农民收入作出了重要贡献。据统计，2010 年我国畜牧业总产值达 20 825.7 亿元，对农林牧渔业增加值的贡献份额达到 24.7%。随着我国畜牧生产规模的不断扩大，养殖密度的增大以及动物及动物产品流通范围及频率增加，发生重大动物疫病的风险持续增加，重大动

疫病成为严重影响畜牧业健康发展的首要因素，因病造成的畜牧业产能下降、品质降低、甚至大面积扑杀与死亡等，对畜牧业生产造成极为严重的损失，据统计，我国每年由于动物疫病造成的直接经济损失高达 260 亿～300 亿元。因此，畜牧业的全面、协调、可持续发展需要发达的兽医事业作保障。

（二）兽医事业是食品质量安全体系的重要组成部分，是确保食物尤其是动物源性产品质量安全的重要支撑

食用质量安全、可靠的农产品是食物消费的基本要求。随着人民生活水平与质量的提高，动物源性产品质量安全问题已经成为社会关注的焦点，直接关系到国民健康、政府形象与社会稳定。在动物生产过程中，除疫病外，各类药物、化学物质、生物激素残留和污染会造成畜产品卫生质量下降，影响食品安全及消费者健康，并可能直接影响我国畜产品出口贸易。加强兽医卫生监督与畜产品的质量安全检测检疫，对从源头上保证畜禽产品的质量，提高畜禽产品的竞争力，保证畜牧业的健康发展，提高畜禽产品的质量安全水平等有着极为重要的作用。

（三）兽医公共卫生体系与人类公共卫生体系一起构成了整个社会公共卫生体系，是人类和动物健康、社会经济发展的"保护神"

各种动物疫病尤其是人与动物共患的传染病、重大食物安全事件，已不仅仅是医学问题与动物生产问题，而是重大的社会经济问题。人畜共患传染病流行与动物源性产品质量安全事故不仅会直接造成人类生命和物质财富的巨大损失，还可能造成国民的恐慌和对政府的不信任，导致社会动荡、政局不稳。因此，建立与完善包括兽医公共卫生体系在内的全社会公共卫生体系，加强对人畜共患病监测和控制、动物产品卫生状况有效控制以及对兽药、生物制品及诊断试剂的监管控制，推进动物卫生控制与兽医公共卫生的结合，是确保经济社会健康发展，改善和提高人们及动物健康水平的重要保障。

（四）兽医事业是维护国际贸易公平，保护国家经济安全，确保本国居民及动物健康的重要屏障

动物疫病在我国乃至世界长期存在，动物疫病主要危害包括损害动物健康、影响畜牧业生产、妨碍动物产品出口、制约农民增收致富，同时，动物

疫病还是一个影响社会公共安全的重大问题，其影响远远超出了产业与国家的限制，日益受到世界各国的重视，联合国粮农组织、世界动物卫生组织和世界卫生组织等国际组织也都高度关注动物疫病的防治和各国动物疫病的发生与传播。加强边境及进出口动物卫生控制与兽医公共卫生工作，一方面能有效保护国内畜牧生产的健康发展，防止外来动物疫病的入侵与有害动物源性产品的流入，保护国内消费者的食物安全与生命健康；另一方面，中国作为一个负责任的大国，也必须承担起既要保障动物及动物产品的国际贸易不受阻碍，又要确保人类和动物健康无不可接受风险的职责。

二、公共财政支持兽医事业发展的理论基础

公共财政是为市场提供公共产品和服务的财政分配模式。公共财政支持兽医事业发展有以下理论基础。

（一）公共品理论

纯粹公共品或劳务的严格定义是保罗·萨缪尔森给出的，它的特性是在同私人品或劳务的特性比较中得出的。相对于私人品或劳务的特性来说，纯粹公共品或劳务的特性①可归纳为以下 3 个方面。

1. 效用的不可分割性

公共品或劳务是向整个社会共同提供的，具有共同受益或联合消费的特点。其效用为整个社会成员所共享，而不能将其分割为若干部分，分别归属于某些个人或厂商享用，或者按照谁付款、谁受益的原则限定为之付款的个人或厂商享用。

2. 消费的非竞争性

即某一个人或厂商对公共品或劳务的享用不排斥、妨碍其他人或厂商同时享用，也不会因此而减少其他人或厂商享用该种公共品或劳务的数量或质量。这就是说，增加一个消费者不会减少任何一个人对公共品或劳务的消费量，或者说，增加一个消费者，其边际成本等于零。同时，由于不存在消费的拥挤现象，其边际拥挤成本为零。

① 刘玲玲. 公共财政学 ［M］. 北京：中国发展出版社，2003：46 – 47.

3. 受益的非排他性

在技术上没有办法将拒绝为之付款的个人或厂商排除在公共品或劳务的受益范围之外，任何人也不能用拒绝付款的办法将其所不喜欢的公共品或劳务排除在其享用品范围之外。

在理解纯粹公共品或劳务概念时，经济学家强调区分公共品"分配成本"与"生产成本"的必要性。纯粹公共品或劳务的特性之一即消费的非排他性，是指将一定数量的某种公共品或劳务分配给任何一个追加的消费者的边际成本等于零。但是，生产任何一个追加单位的公共品或劳务的边际成本永远都是正数，因为正如所有其他的经济物品一样，纯粹公共品或劳务数量的增加是以要求追加资源投入为条件的，图2-1揭示了这两种成本的区别。其中，图2-1（a）表明，一旦向任何人提供了一定数量的某种纯粹公共品，那么，在这个既定数量的该种公共品上无论添加多少消费者，其边际成本均等于零（在不发生拥挤的条件下，即边际拥挤成本为零）。图2-1（b）则假定，纯粹公共品的平均成本是固定不变的，如果公共品的平均成本为每单位200美元，其边际成本也将为200美元，即生产该公共品的边际成本永远是正数。农村公共产品是区别于农村私人产品，在农村地域范围内为农民、农村和农业发展所提供的具有非排他性、非竞争性和收益外溢性的物品或服务。

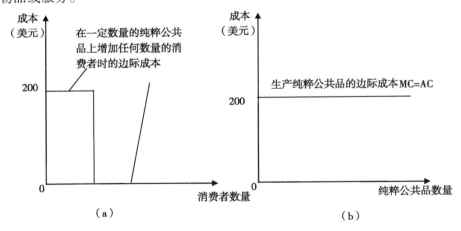

图2-1　消费和生产纯粹公共物品的边际成本的对比

资料来源：刘玲玲. 公共财政学［M］. 北京：中国发展出版社，2003：47.

在社会保障制度中，政府应将其覆盖范围与财力的增加逐步转向全民，并提供最低保障。对"纯粹公共品"的供给，政府应全额负担，并保证支出以"不可控支出"形式存在，不能由社会和个人负担。这类公共支出主要有国防、外交、行政管理、公检法、抚恤和社会福利救济、义务教育以及涉及公共安全和公共风险的支出（如重大传染性疾病的预防和控制）等。

对具有"混合性公共品"性质的供水、供电、供暖、排污、机场、道路、桥梁等基础设施和广播、电影、电视以及公益企业，其公共支出供给方式应实行市场为主，政府资助为辅的原则。政府只为其提供正常运作所需的最低水平的资金供给，大部分资金应由这些部门按提供服务的数量和质量，通过向用户收费来解决。对大中型项目，政府可采取一定的投融资手段参与建设；对某些市场化程度较高、社会效益较大的项目，政府还可以通过注入资本金参股的方式提供资助和支持；对能够完全由市场解决的项目财政将不再安排资金。

（二）公共财政支持理论

公共财政的属性之一就是公共性。这一属性决定了公共财政是为市场提供公共产品和服务的财政分配模式[1]。由于市场本身存在公共品供给困境、外部效应、垄断、分配不公等市场失灵领域，而市场机制本身无法自发解决这种市场失灵，建立公共财政，发挥其宏观配置资源及调控机制，为市场提供公共产品、服务及纠正外部效应，可以弥补市场失灵和由此产生的效率损失，更好地发挥市场机制的效率优势，实现宏观经济效益和社会效益的最大化，并实现社会公平。公共财政有资源配置、调节收入分配、稳定经济发展等职能。其中，财政履行资源配置的职能，是指公共财政应为全社会提供公共品和公共服务，运用经济、法律等手段矫正外部效应和维护市场的有效竞争。公共财政之所以要为全社会提供公共品和公共服务，是由于纯粹公共品不同于纯粹的私人品，具有效用的有可分割性、消费的非竞争性和受益的非排他性等特性，它们不能由私人部门通过市场提供，否则容易发生"公共地的悲剧"和"免费搭车"现象。因此，公共财政的职能之一，就是要保护全社会成员公共利益最大化，有效提供公共品和公共服务。尤其是国防、

---

[1] 刘玲玲. 公共财政学 [M]. 北京：中国发展出版社，2003：58 – 60.

外交、宇宙空间探索、公安司法、环境保护、义务教育以及公共安全等公共品，需要通过财政手段来提供。然而，以财政手段提供公共品或劳务，并不意味着公共品或劳务一定要由公共部门来直接生产。

财政履行资源配置的职能与外部效应的存在也有关。所谓外部效应，就是未在价格中得到反映的经济成本或效益。如果某一个人或厂商的行为使其他人或厂商因此而受益，可称为正的外部效应，反之可称为负的外部效应。无论是正的外部效应，还是负的外部效应，如果不予以纠正或抵消，其结果都将是资源配置的失效，因此，要求政府部门运用包括财政手段在内的非市场方式加以矫正。例如，用于预防动物传染病的疫苗接种，就是带来正的外部效应的典型例子。疫苗接种不仅会使被接种的动物减少感染疫病的可能，那些没有接受疫苗的动物和人都可以因此而减少感染疫病的机会。依此类推，全社会都可以从减少疫病传播的可能性中得益。

财政履行资源配置的职能还表现在对不完全竞争的干预。不完全竞争是市场竞争失灵的表现，会导致资源配置的失效。为实现资源配置效率，政府既可以对垄断厂商发放财政补贴，从而要求其增加产量和降低价格，也可以接管这类企业，直接规定产品低价出售，或按市场原则规范公共定价，调整产业组织形成竞争格局，以及运用法律等手段维护市场竞争的有效性。

（三）兽医作为公共品获得公共财政支持的判定

综上所述，公共品或劳务是可以分作几个层次来界定的：同时满足3个特性或同时满足非竞争性和非排他性特性的公共品，才可称作"纯粹公共品或劳务"；而消费上具有非竞争性且收益上具有排他性、消费上具有竞争性且收益上不具排他性的公共品或劳务，则是一种混合性的公共品。依此就可以对兽医是否是公共品获得财政支持进行判定。

如果一种物品或劳务既不具有效用的不可分割性，又不具有消费的非竞争性和收益的非排他性，则该种物品或劳务必然是纯粹的私人品或劳务。如果一种物品或劳务既具有效用的不可分割性，又具有消费的非竞争性和收益的非排他性，则该种物品或劳务必然是纯粹的公共品或劳务。兽医的检测、无害化处理、村级防疫员的工作都给会社会带来正效用，让全社会都受益，效用不可分割。对于纯粹公共品或劳务，应由政府财政来提供，而依靠市场机制会产生市场失灵；对于混合性公共品或劳务，由于此类物品或劳务同时兼有公共品与私人品的特性，所以，在通过市场提供的同时，应配合政府财政的适当补贴。

有效防控重大动物疫病，确保人类与动物公共安全与食品安全，实现畜牧业生产稳定健康发展，是政府履行公共服务职能、加强公共财政支持力度的重要领域，但也需要动物生产企业、养殖户以及兽医事业从业人员等相关利益方共同参与及相应的物质投入。根据公共部门经济学原理，总体上，重大动物疫病防控工作具有公共物品属性，同时，由于涉及诸多利益相关方，部分工作也具有准公共物品与私人物品的性质。

三、公共财政支持兽医事业发展的主要内容

（一）兽医事业发展的特殊性

兽医事业不仅仅涉及防控重大动物疫病，确保畜牧业生产持续、健康发展的问题，还涉及维护兽医公共卫生、防范人兽共患疾病发生、保障人类健康、确保动物生产投入品与动物产品的质量安全等问题，除此以外，根据国际兽医卫生法典，还应包括动物福利的保护等问题，因此应该把兽医事业的健康稳定发展置于国民经济与社会发展的全局去考虑。对兽医事业实施财政支持必须考虑其 3 个属性。

1. 兽医事业财政支持的法定性

依据《中华人民共和国动物防疫法》等一系列法律法规的规定，县级以上人民政府按照本级政府职责，将动物疫病预防、控制、扑灭、检疫和监督管理所需经费纳入本级财政预算；县级以上人民政府应当储备动物疫情应急处理工作所需的防疫物资；对在动物疫病预防和控制、扑灭过程中强制扑杀的动物、销毁的动物产品和相关物品，县级以上人民政府应当给予补偿。2007 年 5 月，我国正式加入世界动物卫生组织（OIE），标志着我国兽医工作全面纳入世界兽医体系，对我国统筹动物卫生和公共卫生健康发展提出了新的更高要求，世界动物卫生组织（OIE）建立的针对兽医机构绩效评价工具 PVS（Performance of Veterinary Services）体系，对成员兽医体系人财物资源、技术能力、与利益相关方合作以及市场准入能力 4 个方面 37 个项目进行分析和评估，其中对参评国家兽医事业经费投入评价指标共 3 条：兽医机

构（VS）取得维持其运转和独立性的财政资源的能力；兽医机构是否有能力获取用于应急反应或突发事件的特别经费；兽医机构不断取得额外的投资，能够保证持续进步的能力。

2. 兽医事业财政支持的全局性

兽医事业的全局性决定财政支持的全局性，首先，兽医事业不仅仅是农业部门的事务，动物公共卫生问题与人类公共卫生问题一起构成了整个社会的公共卫生问题；人畜共患病的预防与控制关系到每个人的健康；动物产品的质量安全涉及千千万万个家庭餐桌的安全。其次，兽医事业也不是依附于畜牧业生产、仅仅承担防病治病任务的保障性行业，而是既履行保障畜牧业持续健康发展职能，又承担了确保人类与动物健康、动物生产投入品与动物产品的质量安全，以及保护人类生存环境等职能。第三，兽医事业的全局性还体现在支持并加快兽医事业发展不仅是中央政府和各级地方政府的职责，同时也是每一个动物产品生产者、兽医从业者、甚至每一位公民的职责。第四，兽医事业的全局性还体现在中国作为一个负责任的大国，必须承担起既要保障动物及动物产品的国际贸易不受阻碍、又要确保人类和动物健康无不可接受风险的职责。

3. 兽医事业财政支持的稳定性

依据支出性质，公共财政支出从理论上可以分为两大类，即购买性支出和转移性支出。购买性支出直接表现为政府购买物品或劳务的支出，包括购买进行日常政务活动或进行国家投资所需的物资和物品或劳务支出。这类支出的特点是：政府一手付出了资金，另一手获得了相应的物品或劳务，并运用这些物品或劳务来履行各项职能。转移性支出直接表现为政府部门资金的无偿、单方面转移，这类支出主要用于养老金、债务利息、失业救济等方面。这类支出的特点是：政府付出了资金，却无任何资源可得，尽管如此，这类资金支出相对稳定。当前兽医事业发展的支持经费，更多的是用于购买性支出，即公共财政购买一些仪器设备、疫苗等。只有较少的部分用于转移性支出，如为村级防疫员发放补贴。而动物疫病流行的长期性与复杂性、动物产品质量安全的重要性与持续性以及人类对自身健康与生存环境的高度关注度等决定了兽医事业财政支持的长期性与稳定性，既需要一部分购买性支出，更需要一部分稳定的转移性支出，确保财政支持的持续性。

（二）财政支持兽医事业发展的重点

兽医管理体制改革与兽医事业政策法规体系的逐步完善为实施兽医事业财政支持政策提供了依据与保障，财政支持的力度与财政支持的覆盖面逐步扩大，财政支持的框架基本形成。基层动物疫病防控工作的经费支持路径见表2－1。

表2－1　基层动物疫病防控工作性质分类与经费支持路径

性　质	供给路径	内　容	经费来源	执行主体
公共物品	政府直接提供公共服务	监督实施动物强制免疫；依法承担疫情调查、监测、统计及兽药监督管理等工作；畜牧、饲料、草原等公益性职能；依法承担动物和动物产品检疫及监督检查	财政直接经费支持	乡镇畜牧兽医站（官方兽医）
			收费（收支两条线）	乡镇畜牧兽医站（官方兽医）
	政府补贴非公职人员提供服务	协助实施动物强制免疫、计划免疫等工作；疫情报告与统计；参与动物疫病防控工作等	财政补贴	村动物防疫员（乡村兽医）
	政府资助的社会公益类机构提供公共服务	疫病防控技术支撑（检验、诊断，诊断试剂与疫苗研发，基础研究等）；畜牧兽医术技术服务与人员培训等	以财政支持社会公益类机构经费为主	畜牧兽医教育、科研单位与相关培训机构
准公共物品	由专业协会、合作社、农业一体化组织等提供服务	承担协会与合作社成员养殖的动物疫情监测、统计、报告、疫病防控与生产技术服务	协会、合作社、农业一体化组织等与成员建立利益机制①	协会、合作社、农业一体化组织等组织中的兽医技术人员
私人物品	通过市场提供服务	兽医诊疗服务；疫苗、兽药销售等	向服务对象收取费用	执业兽医、乡村兽医

1. 动物疫病防控与兽医公共卫生体系基础设施建设投入

2004年，国家发改委会同农业部、财政部、国家质检总局、林业总局联合制定了《全国动物防疫体系建设规划（2004—2008年）》（以下简称《规划》），重点建设中央和省级动物疫病预防中心、基层动物防疫基础设

---

① 这里的利益机制是指：专业协会、合作组织或一体化农业组织等内部专门设置动物防疫技术人员，负责向加入协会、合作社或一体化农业组织的成员统一提供动物疫病防控与畜牧生产技术服务，并承担政府要求的疫情报告、监测与统计等工作，其工作经费与人员报酬基本由这些组织从成本中列支

施、检疫监督设施设备、兽药质量监察及残留监控设施、国家动物防疫技术支撑项目、兽用生物制品生产企业改造 6 个方面，其中基层动物防疫基础设施建设又是重中之重。在资金分配比例中，基层动物防疫基础设施建设投入最大，占总投资的 48.84%，其中县级动物防疫设施建设和乡镇（农场）兽医站设施建设分别占总投资的 27.55% 和 21.29%。在项目建设中，优先安排了基层动物防疫站建设。在项目资金建设中，中央财政承担了主要部分，《规划》总投资 88.35 亿元，其中中央投资 56.6 亿元，占总投资的 64%，并且中央直属项目原则上全部由中央投资解决。动物防疫体系基础设施的建设和充实，完善了各级兽医工作机构的设备和条件，建设了各级各类兽医实验室，提高了诊断、检测能力和生物安全水平，为动物防疫奠定了坚实的物质基础。

2. 兽医机构与人员经费投入

2005 年 5 月 17 日，国务院下发了《国务院关于推进兽医体制改革的若干意见》（国发〔2005〕15 号），对兽医事业各类机构经费来源作了明确规定。文件要求：兽医行政、执法和技术支持工作所需经费纳入各级财政预算，统一管理；兽医行政执法机构实行全额预算管理，保证其人员经费和日常运转费用；动物疫病的监测、预防、控制和扑灭经费以及动物产品有毒有害物质残留检测等经费，由各级财政纳入预算、及时拨付；其依法收取的防疫、检疫等行政事业性收费一律上缴财政，实行"收支两条线"管理。这些规定为兽医机构开展各项工作、支付人员经费、日常运转经费提供了有力保障。

3. 动物扑杀与死亡补偿政策方面的投入

2005 年 11 月 16 日国务院第 113 次常务会议通过的《重大动物疫情应急条例》规定："国家对疫区、受威胁区内易感染的动物免费实施紧急免疫接种；对因采取扑杀、销毁等措施给当事人造成的已经证实的损失，给予合理补偿。紧急免疫接种和补偿所需费用，由中央财政和地方财政分担"。2007 年 8 月 30 日第十届全国人民代表大会常务委员会修订通过的《中华人民共和国动物防疫法》规定："县级以上人民政府按照本级政府职责，将动物疫病预防、控制、扑灭、检疫和监督管理所需经费纳入本级财政预算。对在动物疫病预防和控制、扑灭过程中强制扑杀的动物、销毁的动物产品和相关物品，县级以上人民政府应当给予补偿。因依法实施强制免疫造成动物应激死亡的，给予补偿。具体补偿标准和办法由国务院财政部门会同有关部门制定。"

4. 基层动物防疫员补助

2008 年 4 月农业部颁布《关于加强村级动物防疫员队伍建设的意见》（农医发〔2008〕16 号）后，基层防疫员队伍建设获得突破性进展。文件要求村级动物防疫工作经费以地方财政投入为主，中央财政给予适当补助。各地通过认真测算村级动物防疫工作的任务量和工作强度，把村级动物防疫工作所需的各项经费纳入财政预算，同时要为村级动物防疫工作配备必要的疫苗冷藏设备和防疫器械，加大村级动物防疫员队伍培训经费投入力度。这些规定为基层动物防疫工作经费提供了有力保障，提高了村级动物防疫工作的装备水平和队伍素质。

5. 畜牧兽医综合执法投入

为切实履行畜牧兽医部门法定职责，扎实推进畜牧兽医执法工作，农业部出台了《关于全面加强农业执法扎实推进综合执法的意见》（农政发〔2008〕2 号），文件要求从多方面切实保障畜牧兽医综合执法有序开展，重点要协调机构编制、组织人事、计划财政等部门，强化综合执法机构，健全执法队伍，加大畜牧兽医综合执法投入力度，积极争取将执法经费纳入地方财政预算，配备必要的交通工具、调查取证设备等执法装备，推进畜产品检验检测体系建设，不断改善执法条件，提高执法装备水平。

第三章

近年来公共财政支持兽医事业发展情况分析

一、中央财政资金投入兽医事业的特点

近年来，中央财政资金用于兽医事业的投入主要分为两大部分：一是中央财政专项经费，主要用于动物疫病防控和兽医公共卫生事业；二是国债资金，主要用于实施《全国动物防疫体系建设规划（2004—2008 年）》，开展动物防疫体系基础设施建设。总体来看，近年来中央财政投入的规模逐年增加，并根据动物疫病防控各环节的需要，逐年增设新的投入或补助项目，特别是对防控高致病性禽流感、口蹄疫、蓝耳病、猪瘟等重大动物疫病的投入增加尤为显著。

（一）中央财政资金投入总量呈增长趋势

1998 年，《中华人民共和国动物防疫法》实施，动物疫病防控工作被纳入各级财政预算中，财政支持兽医事业发展步入正轨。2003 年 SARS 暴发、2004 年高致病性禽流感流行，造成了重大的公共卫生安全事件，媒体高强度的报道提高了全民的危机意识。2004 年，国家发展和改革委员会同农业部、财政部、国家质检总局、国家林业局联合制定了《全国动物防疫体系建设规划（2004—2008 年）》，计划投入财政资金，用于基层防疫基础设施建设。2004 年以后的中央一号文件多次对支持兽医事业发展提出了明确的要求，我国重大动物疫病防控财政投入不断增加，保障能力明显提升。据不完全统计，2004—2010 年中央财政动物防疫专项和国债投资防疫体系基础设施建设经费合计达 256.95 亿元，其中国债资金达到 77.13 亿元，占财政

总投入的 30.02%；财政专项资金达 179.82 亿元，占财政总投入的 69.98%，财政投入年均增长 18.5%，如表 3-1 和图 3-1 所示。

表 3-1 2004—2010 年动物防疫财政支持情况

年 份	国 债（亿元）	财政专项资金（亿元）	合 计（亿元）	国债资金占总投入的比重（%）	财政专项占总投入的比重（%）
2004	7.42	9.35	16.77	44.25	55.75
2005	5.42	16.35	21.77	24.90	75.10
2006	12.6	19.47	32.07	39.29	60.71
2007	9.2	24.89	34.09	26.99	73.01
2008	17.65	40.54	58.19	30.33	69.67
2009	16.34	31.24	47.58	34.34	65.66
2010	8.5	37.98	46.48	18.29	81.71
合 计	77.13	179.82	256.95	30.02	69.98

注：数据根据农业部兽医局资料整理。国债主要用于防疫体系基础设施建设，财政专项是中央财政下拨的动物防疫专项经费

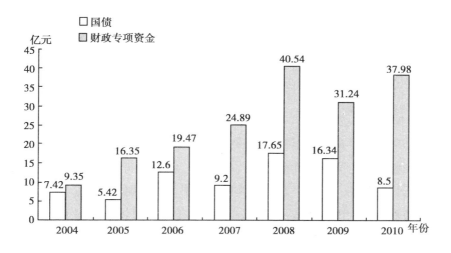

图 3-1 2004—2010 年动物防疫财政支持情况

专栏3-1 中央财政投入黑龙江省兽医事业情况

中央投入的经费包括：强制免疫疫苗补助、基层动物防疫工作补助、扑杀补助、疫情监测（即疫情监测项目经费，含边境动物疫情监测站、国家动物疫情测报站经费、外来病监测检测经费、布氏杆菌病与马传染性贫血的监测费等）。

2006年中央财政投入3 476万元，其中下拨强制免疫疫苗补助经费3 276万元，疫情监测经费（含边境动物疫情监测站和国家动物疫情测报站经费、外来病监测检测经费、布氏杆菌病与马传染性贫血的监测费等，下同）200万元，占年度总投资38%。

2007年中央财政投入5 791万元，其中下拨强制免疫疫苗补助经费5 520万元，扑杀补助经费51万元，疫情监测经费220万元，占年度总投资47%，比上年增加投资2 315万元。

2008年中央财政投入6 316万元，其中下拨强制免疫疫苗补助经费4 687万元，基层动物防疫工作补助经费1 300万元，扑杀补助经费109万元，疫情监测经费220万元，总体占年度总投资45%，比上年增加投资525万元。

2009年中央财政投入6 742.75万元，其中下拨强制免疫疫苗补助经费5 015万元，基层动物防疫工作补助经费1 300万元，扑杀补助经费207.75万元，疫情监测经费220万元，占年度总投资41%，比上年增加投资426.75万元。

（二）用于疫苗环节财政资金投入最多

国家规定对高致病性禽流感、口蹄疫、猪蓝耳病和猪瘟4种重大动物疫病实行强制免疫，所需疫苗经费全部由中央和地方财政负担，对注射疫苗等其他防疫费用，由县级政府负担，省、市（州）对困难县（市、区）予以适当补助。因此，财政专项资金特别是疫苗补贴经费增长很快。2004—2010年，国家用于疫苗补贴的资金达到139.97亿元，约占总投入的86.74%，大大超过其他环节。自2004年开始，我国相继暴发高致病性禽流感、口蹄疫等疫情，在疫区大面积扑杀，扑杀补助经费大幅上升，达到 7.24 亿元，排在第二。动物疫情和畜产品安全监测经费基本保持平稳，如表 3 - 2 和图 3 - 2 所示。

表 3 - 2　2004—2010 年财政专项资金按疫病防控环节分类　单位：亿元

年　份	疫　苗	扑杀补助	兽医卫生监督工作经费	动物疫情和畜产品安全监测经费	进口兽药及新兽药审批经费	其　他
2004	5.95	1	0.01	0.9	0.017	1.47
2005	12.97	1.71	0.01	0.99	0.039	0.62
2006	16.74	—	—	0.99	0.044	0.35
2007	23.56	2.03	0.04	0.99	0.044	1.53
2008	30.50	0.33	0.04	1	0.044	1.14
2009	21.91	0.93	0.05	1	0.048	0.85
2010	28.34	1.23	0.05	1.09	0.048	0.76
合　计	139.97	7.24	0.2	6.96	0.284	6.72

注：根据农业部兽医局相关统计资料整理。

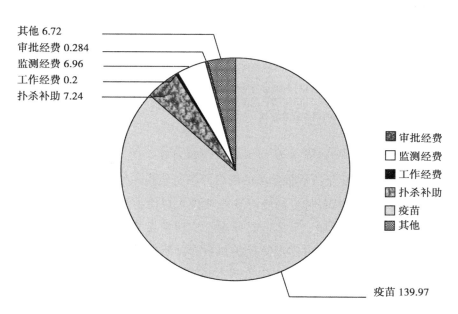

图 3 - 2　2004—2010 年各疫病防控与兽医公共卫生累计资金投入结构（单位：亿元）

（三）中央财政转移支付的县域覆盖面不断扩大

根据农业部农村经济研究中心课题组对 215 个县的问卷调查，其调查结果见表 3 - 3。2007—2009 年，动物疫病监测经费项目获得中央财政转移支付的县增加了 20 个（从 57 个增加到 77 个）；强制免疫经费项目获得中央财政转移支付的县增加了 19 个（从 89 个增加到 108 个）；动物扑杀补助项目获得中央财政转移支付的县增加了 12 个（从 57 个增加到 69 个）；死亡动物无害化处理补助项目获得中央财政转移支付的县增加了 14 个（从 32 个增加到 46 个）；动物标识及疫病可追溯体系建设（耳标经费）项目获得中央财政转移支付的县增加了 21 个（从 78 个增加到 99 个）；基层动物防疫工作经费补助（村防疫员补助）项目获得中央财政转移支付的县增加了 77 个（从 74 个增加到 151 个）。

表 3 -3　获得中央财政转移支付各项兽医工作经费的县数　　　单位：个

项　　目	2007 年	2008 年	2009 年
获得动物疫病监测经费的县	57	10	77
获得强制免疫经费的县	89	101	108
获得动物扑杀补助的县	57	65	69
获得死亡动物无害化处理补助的县	32	38	46
获得动物标识及疫病可追溯体系建设（耳标经费）的县	78	91	99
获得基层动物防疫工作经费补助（村防疫员补助）的县	74	139	151

数据来源：根据 215 个县的调查问卷整理

（四）财政资金一般预算资金少而应急项目多

我国 2004—2010 年按病种分类的财政专项资金投入情况见表 3 -4。

从时间来看，虽然各种疫病的财政专项投入总体上呈逐年增加的趋势，但并不是持续稳定地增加，更多的是体现在应对突发事件上，如 2005 年口蹄疫暴发，相应地，用于口蹄疫防控的财政专项资金从 2004 年的 59 780 万元增加到 100 022 万元，增加了 67.3%，到 2006 年又减少至 87 775 万元。2004 年高致病性禽流感暴发，财政专项资金增长很快。蓝耳病的投入情况同样如此，2007 年以前并没有财政专项投入，直至 2007 年蓝耳病暴发，才开始投入财政专项资金。

表 3 - 4　2004—2010 年按病种分类财政专项资金投入情况　　单位：万元

年　份	口蹄疫	禽流感	蓝耳病	猪　瘟	其　他
2004	59 780	23 264	—	—	1 100
2005	100 022	50 842	—	—	2 098
2006	87 775	81 138	—	—	1 300
2007	95 280	86 385	60 271	10 948	17 792
2008	92 764	77 442	109 965	27 600	9 768
2009	77 953	76 388	65 854	18 642	—
2010	82 872	97 496	92 838	22 574	1 177
合　计	596 446	492 955	328 928	79 764	33 235

注：根据农业部兽医局相关统计资料整理

从投入资金总额来看，2004—2010 年财政专项资金累计投入中用于口蹄疫防疫最多（约占 50%），其次是禽流感和蓝耳病，分别为 29% 和 15%，见图 3 - 3。

二、地方财政资金投入兽医事业的特点

2005 年以来，各地认真贯彻落实国务院关于兽医管理体制改革的意见要求，积极推进兽医机构改革，努力探索财政支持兽医事业发展的新途径，财政支持总量不断增加，财政覆盖面不断扩大，有力地推动了兽医事业的健康发展。

（一）地方财政投入总量不断增加

除了中央财政投入外，地方政府对兽医事业的支持力度不断加大。新疆自 2008 年起，自治区财政已累计投入 2 000 万元动物标识及疫病追溯体系建设资金，在昌吉市、呼图壁县开展试点的基础上，遵循"分步实施、稳步推进"的原则，全面开展了动物标识和养殖档案管理工作。2009 年，全区已有 9 个地（州、市）的 26 个县（市）开展了牛二维码标识佩戴和识读信息传输工作，为强化检疫监督执法、提高动物疫病防控科技水平和溯源能力奠定了基础。山东省 2006—2010 年财政投入兽医发展资金来源如表 3 - 5 所示。

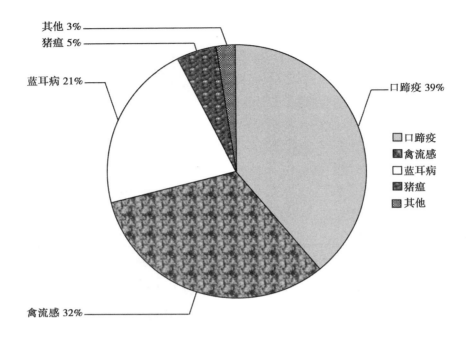

图 3-3　2004—2010 年财政专项资金按病种分类投入结构

表 3-5　山东省 2006—2010 年中央和地方财政投入兽医项目资金来源

单位：万元

经费类别		2006 年	2007 年	2008 年	2009 年	2010 年
重大动物疫病强制免疫	中央	6 901	7 211	6 196	6 154	7 581
	地方	13 712	17 960	21 074	2 0560	25 238
动物疫情监测与防治	中央	149	48	129	46.4	234
	地方	—	364	800	1 378.4	869
重大动物疫病扑杀补助	中央	—	—	274	140	35
	地方	—	—	91.3	0.51	—
省级动物卫生监督所建设	中央	—	—	48	—	—
	地方	—	—	72	—	—
省级兽药质量检验所建设	中央	—	350	—	—	—
	地方	—	522	—	—	—
县级动物防疫站建设	中央	2 128	275	—	1 464	—
	地方	3 192	412	—	2 196	—

续表

经费类别		2006 年	2007 年	2008 年	2009 年	2010 年
县级动物检疫监督站建设	中央	—	1 264	475.2	—	—
	地方	—	2 300	712.8	—	—
乡镇兽医站建设	中央	—	1 534	2 637	—	2 565
	地方	—	2 300	5 274	—	2
基层冷链建设	中央	—	—	—	—	—
	地方	—	—	—	—	2 000
村级防疫员补助	中央	—	—	2 600	2 600	2 600
	地方	639	639	639	639	639
动物疫病追溯体系建设	中央	—	—	—	—	—
	地方	—	—	1 500	1 000	892
重大动物疫病应急物资储备	中央	—	—	—	—	—
	地方	—	—	200	—	—
公路动物卫生监督检查站建设	中央	—	—	—	—	—
	地方	—	—	—	120	400
合 计	中央	9 178	10 682	12 359.2	10 404.4	13 015
	地方	17 543	24 497	30 363.1	25 893.91	30 040

资料来源：山东省畜牧局

据农业部农村经济研究中心2010年5月对四川、辽宁、山东、广西壮族自治区（以下称广西）、新疆维吾尔自治区（以下称新疆）、陕西和黑龙江等七省（自治区）地方财政投入情况的调查，2006—2010年，省级财政投入从5.3亿元增加到10亿元，约翻了一番；市县财政从1.4亿元增加到3.96亿元，增长了约1.8倍，见图3-4。从地方省份个案来看，2004年以来北京市在动物防疫体系建设上的投入增长很快。2005—2006年，北京市投资602万元建设了动物防疫综合信息平台，并于2008年将该平台的服务范围扩大到区县一级；2006—2007年，北京市投资1 800万元建立进京动物及动物产品监控系统，投资1 375万元建立动物疫病可追溯系统；2008年利用中央扩大内需项目建72个乡镇兽医站，总投资432万元，其中中央投入216万元，北京市投入216万元；2009年北京区县级疫控中心改造项目，总投资480万元，其中市财政配套360万元，区县配套120万元。在《2008—2012年北京市动物防疫体系规划》中，北京拟在5年时间内投资7.6亿元，完成从市级到区（县）级

动物防疫体系建设。安徽省宿州市地方财政对兽医工作的投入由 2006 年的
291.36 万元增加到 2010 年的 654.336 万元①，年均增长 16% 以上。5 年来，市
县两级财政投入兽医工作经费累计 2 651.396 万元，其中，疫苗配套经费
997.156 万元，动物防疫基础设施建设经费 663.36 万元，村级动物防疫员补助
经费 666.88 万元，疫病监测经费 43 万元，工作经费 215 万元，有力保障了重
大动物疫病防控工作开展。

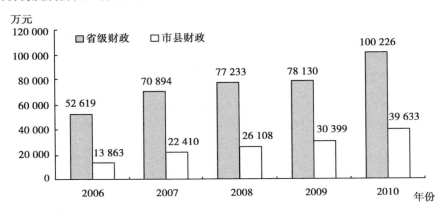

图 3 - 4　2006—2010 年四川等七省（区）地方财政投入变化

注：数据来自各省（区）报告

专栏 3 - 2　黑龙江省级财政 2006—2010 年

投入兽医事业发展情况

　　黑龙江省省级财政兽医事业经费投入项目包括：疫苗补助经费配
套、耳标购置经费、常规疫苗补助经费、重大动物疫情监测费、蓝耳
病监测费、布氏杆菌病和结核病（以下简称"两病"）检疫扑杀补贴
经费、动物防疫体系建设经费。

　　2006 年省级财政兽医事业经费投入 5 645.25 万元。其中：疫苗补
助经费配套经费 2 474.35 万元，常规疫苗补助经费 400 万元，重大动

---

① 　车跃光. 建设兽医工作公共财政投入长效机制 [J]. 中国畜牧业，2012，（5）：72 - 73.

物疫情监测费 100.2 万元，两病扑杀补贴经费 1 070.7 万元，动物防疫体系建设经费 1 600 万元。省级财政投入占年度兽医事业经费总投入的 62%。

2007 年省级财政兽医事业经费投入 6 578.19 万元。其中疫苗补助经费配套经费 4 681.33 万元，常规疫苗补助经费 400 万元，重大动物疫情监测费 203.6 万元，蓝耳病监测经费 349 万元，耳标经费 732.9 万元，两病扑杀补贴经费 178.56 万元，养殖档案印制经费 32.8 万元。占年度兽医事业经费总投入的 53%，比上年增加投资 932.94 万元。

2008 年省级财政兽医事业经费投入 8 054.22 万元。其中疫苗补助经费配套经费 4 215.9 万元，常规疫苗补助经费 400 万元，重大动物疫情监测费 150 万元，蓝耳病监测经费 349 万元，耳标经费 1 209 万元，两病扑杀补贴经费 130.32 万元，省级数据中心 453 万元，动物防疫体系建设经费 1 147 万元。占年度兽医事业经费总投入的 56%，比上年增加投资 1 476.03 万元。

2009 年省级财政兽医事业经费投入 9 674.3 万元。其中疫苗补助经费配套经费 5 136.6 万元，常规疫苗补助经费 400 万元，重大动物疫情监测费 150 万元，蓝耳病监测经费 349 万元，耳标经费 1 209 万元，两病检疫扑杀经费 822.7 万元，动物防疫体系建设经费 1 607 万元。占年度兽医事业经费总投入的 59%，比上年投资增加 2 073.08 万元。

2010 年省级财政兽医事业经费投入 8 651.4 万元。其中疫苗补助经费配套经费 4 932.9 万元，常规疫苗补助经费 400 万元，重大动物疫情监测费 150 万元，蓝耳病监测经费 160 万元，耳标经费 1 209 万元，两病扑杀补贴经费 692.5 万元，动物防疫体系建设经费 1 107 万元。占年度兽医事业经费总投入的 53%，比上年投资减少 1 022.9 万元。

（二）地方财政投入结构不断优化

随着疫病防控工作责任制的落实，地方政府加大了对基层兽医机构和村防疫员队伍建设力度。据农业部农村经济研究中心 2010 年 4 月对除西藏自治区（以下称西藏）之外的 30 个省（市、自治区）的 215 个县开展问卷调查，从基层基础设施建设来看，2007—2009 年，中央和地方共同建设 350 个防疫站与疫病控制中心项目，地方政府投入 3 320 万元，占总投资的 37.3%；共同建设 49 个卫生监督所项目，地方政府投入 1 081 万元，占总投资的 33.5%；共同建设 1 137 个乡镇畜牧兽医站项目，地方政府投入 7 248 万元，占总投资的 31.8%，如表 3－6 所示。调查结果还显示，四川省的基建项目投资逐年加大，历年的投资额（包含中央财政）呈现上升趋势，建设内容涉及无疫区、测报站、屏障体系、示范区、冷链体系、检疫设施、兽药残留检测、缓冲区、隔离场、防疫设施、检查站以及乡镇畜牧站等方面，投资建设的重点为乡镇畜牧站和防疫设施。山东省也加大了财政支持力度，2004 年中央补助 2 780 万用于防疫体系基础设施建设，山东省配套投入了 640 万；2005 年中央补助 4 340 万，山东省配套投入 2 600 万；截至 2008 年，全省共设立动物疫情测报站 16 处（不含青岛），青岛、烟台、潍坊、威海等 9 个市 59 个县建成无规定动物疫病区，140 个县中已有 138 个实施了无疫区或动物防疫基础设施建设项目，建设市、县、乡三级动物疫病监测实验室 900 多个。

表 3－6　2007—2009 年地方政府对县、乡级兽医机构的基础设施投入情况

项目名称	涉及县数（个）	投资数量（个）	总投资额（万元）	资金来源比例（%）		
				中央财政	省级财政	地方（市、县）配套
县级动物防疫站、疫病控制中心建设	78	350	8 901	63.7	11.6	24.7
县级动物卫生监督站建设	52	49	3 226	66.5	8.9	24.6
乡镇畜牧兽医站建设	141	1 137	22 793	68.2	8.4	23.4

数据来源：根据 215 个县的调查问卷整理得出

（三）逐步建立财政投入监督机制

部分地方还严格规范财政资金使用行为，确保动物防疫基础设施建设的资金投入取得实效。如湖北省畜牧兽医局建立了财政投入的监督机制，试行财政直达服务主体，审计、财政、纪检部门加强对财政投入经费使用情况的监督，确保专款专用；在项目实施过程中，严格执行项目工程招投标制、施工建设合同制、工程施工监理制及项目验收审计制等"四制"，既保证了项目工程建设的质量，也确保了项目的按期运行；中央投资中用于仪器设备购置的资金，由省业务部门统一招标采购仪器设备，尽可能减少中间环节。截至 2009 年，湖北省鄂州市纳入中央投资的动物防疫基础设施建设项目共 5 批 29 个子项目，累计完成投资 704.57 万元，其中中央投资 470.67 万元，地方投资 233.90 万元。总体而言，项目执行情况良好，设备仪器的招标采购，化验室、办公室等业务用房的改造均严格按计划执行。

（四）落实扑杀与死亡补偿政策

2005 年 11 月 16 日国务院第 113 次常务会议通过的《重大动物疫情应急条例》规定，"国家对疫区、受威胁区内易感染的动物免费实施紧急免疫接种；对因采取扑杀、销毁等措施给当事人造成的已经证实的损失，给予合理补偿。紧急免疫接种和补偿所需费用，由中央财政和地方财政分担。"2007 年 8 月 30 日第十届全国人民代表大会常务委员会通过修订的《中华人民共和国动物防疫法》规定，"县级以上人民政府按照本级政府职责，将动物疫病预防、控制、扑灭、检疫和监督管理所需经费纳入本级财政预算。对在动物疫病预防和控制、扑灭过程中强制扑杀的动物、销毁的动物产品和相关物品，县级以上人民政府应当给予补偿。因依法实施强制免疫造成动物应激死亡的，给予补偿。具体补偿标准和办法由国务院财政部门会同有关部门制定。"根据对 215 县的问卷调查，2007—2010 年，有 52 个县（市）发生重大动物疫情，发生疫情后所有县（市）均对养殖户（规模养殖场）因强制扑杀的动物、销毁的动物产品的损失进行了补偿。部分县（市）地方政府甚至提高了对动物扑杀的补偿标准，如云南省隆阳区对猪补助 1 000 元/头，奶牛补助 9 000 元/头，禽类补助 30 元/只。另外，大部分县（市）对养殖户与养殖规模场因依法强制免疫造成的动物应激死亡也进行了补偿。调查显示，有 138 个县（市）进行了应激死亡的补偿，占总样本的 64.2%。部分县（市）对应激死亡的补偿还相对较高，如黑龙江省汤原县对大牲畜的补助为 5 000 元/头，浙江省杭州市萧山区对奶牛的补助为 8 000 元/头，新疆新源市对猪的补助为 1 000 元/头，对禽类的补助为 20 元/只。

（五）地方财政投入仍有较大缺口

根据我国目前财政管理体系和《动物防疫法》规定，各级兽医事业人员经费，根据编制数由所在层级政府财政预算安排；动物疫病预防、控制、扑灭、检疫和监督管理所需经费纳入县级以上政府本级财政预算。2005 年我国启动兽医管理体制改革以来，县以上各级兽医机构的人员经费基本上纳入本级政府财政预算。但据调查仍有 30% 以上乡镇畜牧兽医机构人员经费实行差额拨款，动物疫病预防、控制、扑灭、检疫和监督管理所需经费也没有完全纳入县级以上政府本级财政预算，缺口较大。而动物防疫体系建设经费，中央直属项目原则上全部由中央投资解决，地方项目总体上按照东、中、西部地区确定不同的中央和地方投资比例，其中京、津、沪、苏、浙、粤六省（市）的中央与地方投资比例为 1：2，辽、鲁、闽三省为 1：1，其他中部地区按 1：0.5，西部地区和新疆生产建设兵团为 1：0.15，计划单列市按所在省投资比例执行，农垦总局全部为中央投资，农垦其他分局按所在省投资比例执行，中部、东部地区的原中央苏区县按 1：0.15 的比例执行。尽管如此，西部贫困地区的配套缺口依然较大。

三、财政投入带动养殖企业动物疫病防控经费投入情况

养殖企业处于动物疫病防控工作一线，在企业生产投入中，动物疫病防控的投入是其重要组成部分。伴随养殖业快速发展，财政在引导养殖企业参与动物疫病防控投入方面起到指挥棒的作用，养殖企业在疫病防控方面的投入呈总体覆盖面宽，总量逐年增加的趋势，结构上主要表现在以基础设施及设备投入为主，诊疗经费投入为辅。

（一）养殖企业投入总量逐年增加

从投入总量上分析，养殖企业对动物疫病防控的投入总额逐年增加。以北京市 13 个区（县），108 个种畜禽场和 608 个大型养殖企业 2006—2009 年动物疫病防控投入情况为例，2009 年投入总量为 25 462.9 万元，较 2006 年的 19 528.6 万元增长 30.38%，如表 3 - 7 所示。其中，基础设施设备投入增长 797.44 万元，增幅 8.74%；疫苗（不包括强制免疫疫苗）投入增长 425.2 万元，增幅 16.97%；诊疗投入增长 3 889.25 万元，增幅 93%；人员经费投入增长 367.86 万元，增幅 19.91%；其他投入增长 454.55 万元，增幅 24.36%。

表3－7　北京市种畜禽场和大型养殖企业兽医事业投入　　单位：万元

年　份	基础设施投入	疫苗投入	诊疗投入	人员经费投入	其他投入	总　计
2006 年	9 126.92	2 506.29	4 181.81	1 847.58	1 866	19 528.6
2007 年	8 778.04	2 615.75	5 196.44	1 933.6	1 957.31	20 481.14
2008 年	9 906.47	2 927.52	6 947.56	2 098.45	2 154.01	24 034.01
2009 年	9 924.36	2 931.49	8 071.06	2 215.44	2 320.55	25 462.9
总　计	37 735.79	10 981.05	24 396.87	8 095.07	8 297.87	89 506.65

注：其他投入包括消毒、无害化处理、投入

数据来源：北京市农委提供的调研资料

（二）养殖企业投入结构趋于优化

从养殖企业投入的流向分析，主要用于防疫基础设施建设和防疫设备支出、疫苗支出、诊疗支出、相关工作人员工资支出、免疫、消毒、监测及无害化处理等动物卫生防疫环节，投入覆盖范围较宽，总体投入结构趋于合理。通过对北京市 13 个区（县），共 108 个种畜禽场和 608 个大型养殖企业 2006—2009 年兽医事业投入的结构进行分析，如图 3－5 所示，基础设施设备投入 37 735.79 万元，占总投入的 42.16%；疫苗（不包括强制免疫疫苗）投入 10 981.05 万元，占总投入的 12.27%；诊疗投入 24 396.87 万元，占总投入的 27.26%；人员经费投入 8 095.07 万元，占总投入的 9.04%；其他投入 8 297.87 万元，占总投入的 9.27%。通过对四川省内江市相关生猪养殖企业的调查，在 11 户大型（年出栏 5 000 头以上）养殖户、387 户中型（年出栏 500~4 999 头）养殖户、40 838 户小型（年出栏 500 头以下）养殖户的动物卫生防疫经费投入中，动物卫生防疫基础设施建设投入占 30%，预防免疫投入占 41%，疫病诊治投入占 16%，无害化处理投入占 6%，消毒杀菌投入占 7%，如图 3－6 所示。通过对四川省眉山市新希望示范牛场、天然牛场、团结奶牛小区、莲花奶牛小区等 4 个奶牛养殖企业及部分散养户进行调查，动物卫生防疫基础设施建设投入占 89%，疫病免疫投入占 8%，疫病监测投入占 2%，疫病诊治投入占 1%，如图 3－7 所示。

（三）防疫成本随养殖规模扩大而递减

单位动物卫生防疫成本随养殖规模的扩大而递减。对四川省内江市部分生猪养殖户的调查结果显示，该地区不同规模的养殖户中，平均每头出栏猪

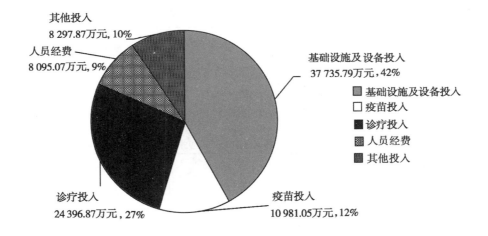

图 3 - 5　北京市种畜禽场和大型养殖企业兽医事业投入结构

数据来源：北京市农委提供的调研报告

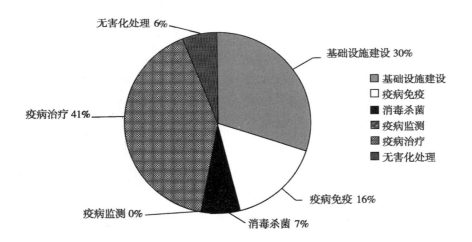

图 3 - 6　内江市生猪规模养殖场防疫经费投入结构

数据来源：四川省畜牧兽医局提供的调研报告

的防疫支出分别为：大型养殖户 32 元、中型养殖户 36 元、小型养殖户 41 元，如表 3 - 8 所示。其中，大型养殖户平均每头出栏防疫支出最低，小型养殖户支出最高。

通过对四川省眉山市新希望示范牛场、天然牛场、团结奶牛小区、莲花奶牛小区等 4 个奶牛养殖企业及部分散养户的调查，200 头以下规模养殖户

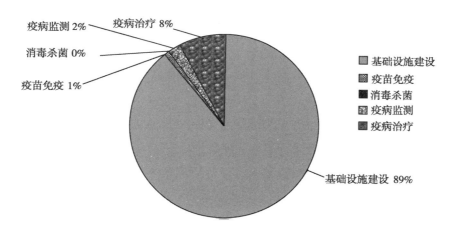

图 3-7 眉山市奶牛养殖防疫经费投入结构

数据来源：四川省畜牧兽医局提供的调研报告

平均每头牛年防疫投入 490 元，是 200 头以上规模养殖场防疫投入的 2.5 倍，如表 3-8 所示。

表 3-8 2006—2010 年内江市生猪规模养殖场兽医防疫投入情况

项　目		大型（年出栏 5 000 头以上）	中型（年出栏 500~999 头）	小型（年出栏 500 头以下）
调查户数（户）		11	387	40 838
年出栏数（头）		132 000	437 310	5 083 260
基础设施投入（万元）	沼气池	795.3	2 234	126.5
	消毒室	782.5	1 952	2 086
	兽医防疫室	33	402	1 314
	小计	1 610.8	4 588	3 526.5
	户均投入	146.44	11.86	0.09
疫病防治经费投入（万元）	免疫	136	442.6	4 680.7
	消毒	6.6	179	2 149
	监测	15.5	12.2	5
	治疗	138.8	783.4	12 153.2
	无害化处理	122.8	138.7	1 667.2
	小计	420	1556	20 655
	平均每头出栏防疫支出	0.003 2	0.003 6	0.004 1
投入总计		2 031	6 144	24 181
资金来源（万元）	财政资金	148	469	5 281
	自筹资金	1 883	5 675	18 900

数据来源：四川省畜牧兽医局提供的调研报告

（四）企业承担防疫项目公益性较弱

养殖企业（业主）所承担的防疫项目内容基本按照养殖各环节疫病防控工作的需要而投入，属养殖企业自身营利的需要，公益性较弱。在对北京、四川两个省市的调查中发现，养殖企业（业主）的投入覆盖了基础设施和设备支出、疫苗支出、诊疗支出、相关工作人员工资支出、免疫、消毒、监测及无害化处理等动物卫生防疫各个环节。

（五）投入以养殖企业自筹为主

从北京、四川等省份规模养殖企业动物疫病防控资金投入情况分析发现，财政资金投入发挥了"四两拨千斤"的作用，养殖企业自筹资金是养殖企业疫病防控投入经费的主要来源。2006—2010 年，各级财政对北京市108 个种畜禽场和608 个大型养殖企业疫病防控投入15 664.59 万元，占总投入的13.7%；规模养殖企业自筹资金投入96 688.2 万元，占总投入的86.3%。2006—2010 年，四川省内江市养殖企业中，大型规模养殖场疫病防控财政补助资金约占7.3%，企业自筹资金约占92.7%，中小规模场及散养户财政补助资金约占19%，企业和养殖户自筹用于动物疫病防控资金约占81%，如表3 - 8 所示。四川省眉山市养殖户的调查情况分析表明，奶牛养殖企业（业主）疫病防控经费财政补助总计3.63 万元，占总投入的5.5%，奶牛养殖企业（业主）自筹资金总计61.95 万元，占总投入的94.5%，如表3 - 9 所示。

表 3 - 9　眉山市奶牛养殖企业兽医防疫投入情况调查统计

项　目		1 000 头及以上	500 ~ 999 头		499 ~ 200 头	200 头以下及散养户	合　计
		新希望示范牛场	天然牛场	团结奶牛小区	莲花奶牛小区	某散养户	
现存栏（头）		1 050	850	880	460	20	3 260
防治设备设施投入（万元）	消毒设施	8	8	8	8	0.1	32.1
	无害化处理设施	120	110	80	60	2	372
	监测诊断设施	150	1.5	1.5	1	0	154
	小计	278	119.5	89.5	69	2.1	558.1

项　目		1 000 头及以上	500~999 头		499~200 头	200 头以下及散养户	合　计
		新希望示范牛场	天然牛场	团结奶牛小区	莲花奶牛小区	某散养户	
防治经费投入（万元）	免疫	1.2	0.9	1	0.5	0.03	3.63
	消毒	0.5	0.5	0.3	0.3	0.08	1.68
	监测	3.5	2.8	2.9	1.5	0.07	10.77
	治疗	15.8	12.8	13.2	6.9	0.8	49.5
	小计	21	17	17.4	9.2	0.98	65.58
	平均每头出栏防疫支出	0.02	0.02	0.0198	0.02	0.049	201
防治经费资金来源（万元）	财政资金	1.2	0.9	1	0.5	0.03	3.63
	自筹资金	19.8	16.1	16.4	8.7	0.95	61.95

数据来源：四川省畜牧兽医局提供的调研报告

四、兽医事业发展财政投入存在的问题

近年来，中央高度重视动物防疫工作，强化基层动物防疫体系，完善基础设施建设，用于兽医事业的经费增长迅速。但是在当前动物疫病形势下，国家强制免疫病种逐年增加，防控任务不断加大，经费投入的总量和形式与动物疫病防控形势仍然不相适应，存在如下突出问题。

1. 用于兽医事业经费总量不足

以湖南省为例，全省养殖业迅速发展，2009 年全省饲养生猪 9 541.4 万头，牛 579.6 万头，羊 1 201.1 万只，家禽 63 980 万羽，畜牧业产值 1 522 亿元，占农业总产值的 44%。2006—2010 年全省兽医事业总投入才 11.65 亿元，仅为 2009 年畜牧业总产值的 0.76%。就近几年来经费投入最大的 2009 年来说，各级财政总投入 2.68 亿元，仅占当年畜牧业总产值 0.18%。兽医事业投入经费比例很低，与养殖业发展的要求不适应。

2. 兽医事业财政投入结构不合理

兽医事业逐步成为公共卫生安全的重要组成部分，兽医事业肩负着两个重要的任务，一是落实动物疫病的控制各项措施，二是通过检疫检验保障人

民群众食用肉、蛋、乳的安全。动物疫病防控涉及日常的防疫监督、疫苗注射、消毒、无害化处理、流行病学调查等一系列的工作，但各级财政在经费安排和使用上重点解决了疫苗经费，大部分资金用于疫苗补贴。就湖南省而言，仅疫苗经费就占兽医事业总投入的 61.6%。检疫监督执法工作常年无固定投入，每年仅由省财政安排动物防疫监督检查站经费 160 万元。因为无经费保障，大部分基层动物检疫监督人员仅通过从事检疫收费自收自支，检疫工作也受到影响。

3. 中央和地方财政投入比例有待调整

当前，兽医事业投入机制中，大部分项目和专项经费均是以地方投入为主，中央投入为辅的分摊机制。中央财政资金下拨后，都需要省市县各级政府配套，以期发挥中央财政资金最大的带动作用。然而，由于地方政府财力十分紧张，基层的财政压力过大，许多承诺的配套资金不能得到落实，造成项目难以达到预期的效果。一旦基层配套的资金跟不上，就会形成"短板效应"，不利于防疫工作的开展。例如，重大动物疫病强制免疫工作，国家补助主要集中在疫苗这一部分，对疫苗费用补助 50%，但疫苗经费仅占整个强制免疫工作经费的 1/3 左右，与实际需要相差太远。据估算，湖南省全面实施强制免疫工作，每年仅劳务费的缺口就达 2 亿元，如全部由地方财政补贴，难以落实到位。

第四章

省级财政支持兽医事业
发展情况分析

省级财政是支持兽医事业发展的重要支撑力量，在兽医事业发展中起到了十分重要的作用，为了深入了解省级财政支持兽医事业发展的情况，本研究以省级财政支持本省级范围内的兽医事业发展为切入点进行系统分析，并以湖北省为例进行了重点分析①。

一、省级财政支持兽医事业发展的主要做法和特点

（一）通过改革管理体制加强经费投入

根据党的十六大和十六届三中全会关于深化行政管理体制改革、完善政府社会管理和公共服务职能的精神，国务院下发了《关于推进兽医管理体制改革的若干意见》（国发〔2005〕15号），农业部和各地都下发了相应的实施意见，积极推进兽医管理体制改革，重点是建立健全省、市、县三级政府兽医工作机构，明确工作职能，理顺工作关系，稳定和强化基层动物防疫体系，提高动物卫生监督执法水平和公共服务能力。为此，省级兽医部门积极推进改革，明确经费等相关保障措施。2004—2007年，湖北省开展了省、市、县、乡畜牧兽医管理体制改革。省级畜牧和兽医行政管理机构合设，湖北省畜牧局更名为湖北省畜牧兽医局，承担全省畜牧兽医和动物防疫的行政

① 为深入了解我国兽医业的财政支持状况，逐步解决兽医事业的财政支持问题，为"十二五"规划的制订提供科学依据，农业部农村经济研究中心课题组于2010年4月20－23日，赴湖北省畜牧兽医局、鄂州市鄂城区及其下属的乡镇开展实地调查，针对湖北省的兽医财政支持体制、基础设施建设、机构编制、基层防疫人员的工作经费保障等情况开展了调查研究

管理职能；各市、县在原有畜牧管理机构的基础上，组建市、县畜牧兽医局，为同级人民政府承担畜牧兽医行政管理职能的机构；乡镇仍然设立畜牧站和动物防疫站，带领和指导村级防疫员开展具体防疫工作。湖北省完成兽管理体制改革后，逐步建立起支持兽医事业发展的财政体制，省、市、县兽医行政管理、执法、技术支撑体系均由各级财政负担其人员和工作经费，强制免疫标识、疫苗、动物扑杀补助等经费均按照国家、省有关政策落实到位。

（二）财政对兽医发展投入总量较大

近年来，兽医工作进一步强化了区域化管理的职能，各级省兽医主管部门在地方政府的支持下，拟定了本地区重大动物疫病控制和扑灭计划，明确了监督和管理本地区的动物防疫、检疫工作，在强化防疫职能、增强依法防疫能力做了积极探索。尤其是在中央财政的带动下，省级财政加大了对兽医事业投入力度，促进了兽医事业的大发展。例如，2009 年，中央财政对湖北省兽医事业投入资金约 1.56 亿元，其中包括：疫苗补贴 1.26 亿；动物疫病监测经费 100 万元，主要用于湖北省 11 个国家级监测站的疾病监测任务；村级防疫员经费 2 700 万元，主要用于补助村级防疫员的工作经费开支；扑杀补偿经费 232.2 万元，用于发生动物疫情后，强制扑杀补偿。2009 年湖北省地方财政投入资金约 2.79 亿元，包括：动物疾病监测经费 300 万元；耳标经费 1 000 万元；重大疫病疫苗配套资金 1.2 亿元；湖北省新增的两项（鸡新城疫、羊痘）强制免疫，新增投入经费 1 300 万元；全省招聘动物防疫员 15 240 人，拨付"以钱养事"经费 13 213 万元，人均 8 700 元；扑杀补偿经费 154.8 万元。以上财政投入均不包括对畜牧兽医部门的人员经费。

（三）中央省两级财政投入的合理性

根据职能分工，各级兽医行政管理部门都积极争取同级政府和上级兽医主管部门的资金支持，省级兽医部门一般会同主管发展改革、财政等工作的部门，将兽医工作纳入本地区国民经济和社会发展计划。省级的兽医行政管理、动物卫生监督和动物疫病预防控制机构所需经费都能够按照国务院文件要求纳入各级财政全额预算管理，省级相关机构的人员经费和日常运转费用都能够得到保证。同时，省级财政还对动物疫病监测、预防、控制、扑灭、动物产品安全检测、兽药质量及其残留监测和监管投入了相关资金。从

2009 年财政对湖北兽医事业的投入用途可以看出，中央财政投入主要用于购买禽流感、高致病性猪蓝耳病、口蹄疫、猪瘟 4 种疫苗①和防疫人员的经费。疫苗经费中央投入 1.26 亿元，约占 50%，湖北省级财政配套 1.2 亿元。对于村级防疫人员的投入，根据《湖北省委办公厅、省政府办公厅关于建立"以钱养事"新机制加强农村公益性服务的试行意见》等文件精神，湖北省"以钱养事"补助经费，按每个农业人口 15 元的标准，由财政部门从国库直接支付，其中用于动物防疫的补助经费约占全省"以钱养事"经费的 25%。中央财政补助村级防疫员人员经费的比例约占 17%，省级财政的补助比例约占 83%，基本保证了村级防疫员的人员经费开支。2009 年湖北省投入疫情强制扑杀补偿经费 387 万元，从扑杀补偿的比例看，其中中央财政占 60%，省级财政占 40%。

二、省级财政支持兽医发展的主要成效

（一）动物疫病防控能力显著增强

在人员经费基本得到保障、各相关项目不断投入的情况下，省、市、县、乡级疫情监测和报告体系逐步健全，各级重大动物疫情应急系统逐步完善，应急处置能力不断加强。通过开展防疫督办，湖北省禽流感等 6 种重大动物疫病的常年免疫密度达到 98.5% 以上，其中春秋两季集中免疫密度达100%，免疫有效抗体合格率和畜禽疫病死亡率稳定控制在国家规定标准以内，重大动物疫病做到了"应免尽免、不留空挡"，应免动物的免疫密度达到 100%，达到了"有病不流行、有疫不成灾"的疫病综合控制目标，重大动物疫情明显下降，重大动物疫情发生的次数和疫点数明显下降。

（二）兽医事业队伍焕发了新的活力

2004 年，湖北省下发了《湖北省人民政府办公厅关于转发湖北省乡镇动物防疫机构改革工作意见的通知》（鄂政办发 [2004] 144 号）等相关文件，在乡镇动物防疫体系内实行了"以钱养事"新机制，按照"精简能效"的原则和"强化公益性职能、放开经营性职能、公益性职能与经营性职能

---

① 中央财政对疫苗的补助标准为东部：中部：西部 = 2：5：8

分离"的要求,在全省范围内建立起了"县为基础、强化监督、防检统一、治疗放开"的乡镇动物防疫管理体系。截至 2009 年底,全省 1 223 个乡(镇、街道办事处)设立了 1 190 个乡镇兽医技术服务机构,其中更名为畜牧兽医技术服务中心的有 1 070 个;此外,还组建了防检监督员和村级防疫员两大队伍,防检监督员按照每个乡镇 2～3 人定编,实行"编制在县、服务在乡"的管理模式。2009 年全省县市畜牧局应派驻乡镇动物防检监督员 2 348 人,实际到位 2 319 人,到位率 98.8%,县级财政拨付防检监督员工作经费 3 639 万元,人均 15 900 元。村级动物防疫员由以往的 33 000 多人缩减为 15 240 人,同时将公益性服务资金纳入财政预算,使得工作人员的待遇有很大提高。在转制过程中,按照"财政与个人共同分担、以财政为主"的原则,解决了大部分基层畜牧兽医在岗和分流人员的养老保险问题。截至 2009 年 10 月,全省乡镇兽医从业人员应参保人员 19 186 人,实际参保人数 14 622 人,参保率为 76%,同时还针对村级防疫员工作时间、危险性等情况制定了兽医意外保险赔偿标准。

(三) 兽医基础设施建设及设备更新速度加快

由于兽医工作的重点在县、乡、村,因此,中央和地方财政对县、乡级动物防疫体系基础设施建设投资力度较大(表 4 – 1)。2007—2010 年,湖北省总计投资 17 245 万元建乡镇兽医站、县级动物防疫站和卫生监督所共计 1 241 个,从建设资金来源看,中央财政占 66.7%,地方财政占 33.3%。

表 4 – 1　2007 年以来湖北省动物防疫体系建设投入情况

项目名称	建设年限	投资数量（个）	总投资（万元）	资金来源	
				中央财政（%）	地方财政（%）
县级动物防疫站	2007—2010 年	74	4 553	66.7	33.3
县级动物卫生监督所	2007—2010 年	85	3 744	66.7	33.3
乡镇畜牧兽医站	2007—2010 年	1 082	8 948	66.7	33.3
合　计		1 241	17 245		

以 2009 年为例,鄂州市鄂城区和华容区共 7 个乡镇兽医站基础设施建设项目被纳入国家发改委、农业部(发改投资〔2009〕1066 号)国家新增动物防疫体系建设投资计划,7 个乡镇站建设项目(新建 6 个、改扩建 1

个）计划总投资 106 万元，中央预算内投资与地方配套按 2∶1 标准投入，中央投资 70.7 万元，地方配套 35.3 万元，累计完成投资 92 万元。2010 年 7 月，课题组调研时，七乡镇站建设化验室、办公室建设、改造工程已有 6 个全面完工，剩下 1 个还在加紧建设中。

（四）检疫监督执法水平明显提高

各级财政的投入使得基础设施建设明显改善，动物卫生监督执法工作不断加强，兽药质量监管和残留监控工作能力和水平明显提高，兽药残留超标率显著降低，兽药质量稳步提高，兽药生产企业和使用环节监控得到加强，兽药经营秩序逐步规范。通过基础设施的建设，更新了实验室设备，增强了科技支撑能力，检疫效率大大提高，检疫数量和范围不断扩大，初步形成了省、县、乡镇兽医实验室和诊断实验室为主体的科技支持体系，实验室分工明确、运转高效，科技支撑作用明显增强，在禽流感、牲畜口蹄疫、猪链球菌病和高致病性猪蓝耳病等重大动物疫病防控中，发挥了重要作用。

（五）财政资金使用的规范性增强

为了确保各项投入的效果，湖北省兽医局建立了财政投入的监督机制，试行财政直达服务主体，审计、财政、纪检部门加强了对财政投入经费使用情况的监督，确保专款专用。在项目实施过程中，严格执行项目工程招投标制、施工建设合同制、工程施工监理制、资金专款专账制及项目验收审计制等"五制"，既保证了项目建设的质量，也确保了项目按期运行。中央用于仪器设备购置的资金，由省业务部门统一招标采购仪器设备，尽可能减少中间环节。截至 2009 年，湖北省鄂州市纳入中央投资的动物防疫基础设施建设项目共 5 批 29 个子项目，累计完成投资 704.57 万元，其中中央投资 470.67 万元，地方投资 233.9 万元。项目执行情况良好，设备仪器的招标采购，化验室、办公室等业务用房的改造均严格按计划执行，均符合财政资金使用各项规定与要求。

三、省级相关部门反映财政支持兽医发展中存在的问题

（一）财政投入总量仍显不足

中央财政防疫资金占农业总产值、畜牧业产值的比例是在增加的，但是

比例仍然很低，和疫苗经费相比，各级财政对疫病防控其他环节的投入严重不足，用于扑杀补助、疫病诊治、基层防疫员队伍建设、检验检测、疫情监测、无害化处理、无疫区建设、技术推广的资金相对还很少。发生疫情后，中央财政对养殖场（户）强制扑杀的补偿金额下发不够及时，扑杀经费不能及时补贴到位，且补贴标准过低，如 2009 年中央财政对湖北省扑杀经费补偿标准是奶牛 3 000 元/头、猪 600 元/头，无法调动地方政府上报疫情的积极性和养殖户发展生产的积极性。村级防疫人员的工作"累、脏、重"。湖北省 2009 年养猪 6 700 万头，牛 500 万只，羊 800 万只，其中每年至少需注射疫苗针次为：猪 3 针次，牛、羊各 2 针次，每年该省猪、牛、羊共需注射 2.27 亿针次，家禽共需注射 13.4 亿针次，合计全省必须注射的动物防疫疫苗为 15.67 亿针次，按全省规模化平均水平，规模化养殖数量占一半，除去规模化所需注射任务外，湖北省 15 240 名村级动物防疫员的人均注射任务为每年 51 380 万次，按全年 365 天计算，每人每天约注射 141 针次。尽管工作繁重，但湖北省村级防疫员的工资尚不及当地人员的平均工资，一名防疫员向调研组诉苦："一年赚两万，不如捡破烂"。相对于繁重的工作任务和极差的工作环境，村级防疫员的收入的确偏低，使得村级防疫员老龄化（从业人员平均年龄在 50 岁以上）、后继无人现象严重，因此迫切需要提高基层兽医人员工资待遇和知识技能水平。

（二）财政投入区域存在空白

从 2009 年财政投入兽医的情况看出，财政投入经费主要用于购买疫苗和村级防疫人员工资，对基层兽医的再教育培训经费投入几乎没有，对地市级动物防疫体系建设的投入几乎是空白。湖北省兽医局没有畜产品质量安全监督专项经费，地市级也没有畜产品质量监测站，全省 17 个地市级都没有建立重大疾病防控中心。动物发病后，只能送到省里进行检测，不利于疾病得到及时有效的控制，而湖北省畜牧兽医局防控中心的检测能力也有待提高。如果在地市建立重大动物疫病检测中心，将有利于动物疾病的及时检测发现，抓住动物疫病有效的防治时机，提高防控能力。另外，随着城市化的加快、城区人口的增加，畜产品的消费需求越来越大，畜产品质量监测和重大疫病监控等方面存在的投入空白也为畜产品质量安全埋下了隐患。

（三）地方配套资金难以落实到位

近几年，虽然中央财政和省级财政对兽医事业的发展加大了投入力度，但是，投资项目需市、县级地方政府配套资金仍较多。湖北省鄂州市 3 批动物防疫体系建设项目要求地方财政配套资金共计 192.3 万元，而地方财政实际配套不足 50%，其他资金均由项目实施单位自己筹措，给项目实施单位带来了沉重的经济负担，如 2009 年国家拉动内需项目，对湖北省鄂州市鄂城区某镇的一个投资项目，按规定中央投资 11 万元，其中有 8 万元应用于购买仪器和办公用品，3 万元应用于业务用房改造，并要求地方配套 5 万元用于房屋改造，但地方政府实际业务用房改造资金用了近 12 万元，实际需要地方配套资金近 9 万元，还有 4 万元的缺口。有些地方项目运行所必需的财政投入也很难到位，如县（市、区）兽医部门所需的针头、棉球等医药器材经费县里都无法配套到位，直接影响了公益性服务的质量。

（四）新建项目后续资金难跟上

2007 年以来，中央对很多乡镇兽医站给予了较多的投资，购买了一些较好的仪器设备。项目建成后，没有后续资金来确保相关技术人员的培训和设备的维护，项目实施单位原有的技术人员对新的设备仪器性能缺乏了解，不懂得如何操作，只是在实践中探索，仪器设备使用效率不高，不能完全发挥项目的作用，而且设备的维护成本比较高，由于缺乏相应的预算资金，影响了项目实施过程中各项工作的正常开展。

四、省级财政支持兽医事业发展的几点建议

（一）继续加大财政支持力度

各级政府应继续加大财政支持力度，把监测经费、流行病学调查经费、疫情信息报送等运行及设备的管理维护经费列入财政预算，同时增加动物防疫工作经费，将免疫负反应的处置、无害化处理、防控工作的组织培训、宣传发动、考核验收纳入财政补贴的范围。加大对重大动物疫情扑杀补偿金的支持力度，除保证扑杀补助资金的及时性外，还应提高对强制扑杀的补贴标准。加大基层兽医人员的财政投入，提高村级防疫员的待遇，保证从业人员的工资收入达到或高于当地平均标准，确保基层兽医队伍的稳定性。中央和地方财政可参照"阳光工程"培训补贴的办法，将基层兽医再教育培训经费纳入年度财政预算，不断提升基层兽医的整体素质。

（二）加大对地市级动物疫病控制中心和村级动物防疫室建设的支持

加快市、县（区）、乡镇及村四级动物疫病信息预警项目建设及重大动物疫情应急队伍建设，进一步完善省、市、县（区）、乡镇及村五级动物疫病预防与控制体系建设。在中央已投资建设的省、县及乡镇动物防疫基础设施建设项目的基础上，加大对市级动物疫控中心和村级动物防疫室建设力度。

（三）加大对地市级畜产品质量安全检测中心建设的支持力度

应加大对地市级畜产品质量安全检测中心建设的项目支持，建立相关的检测中心，确保检测经费的落实，通过项目实施，开展畜产品质量安全例行监测、畜产品质量安全监督抽查、畜产品质量安全普查、兽药及兽药残留监控、畜产品质量安全检打联动、畜产品质量安全宣传及培训等工作来提高畜产品质量，确保畜产品的质量安全。

（四）不断优化投入结构

在政策选择上，可以对不同的疫病采取不同的防控补助策略，同时还要实行区域防控，重点支持无疫区建设，提高防控资金的使用效率。调整支出结构，制定相对公平的制度安排，根据地区差异，因地制宜地给出几种模式，解决地方配套资金难的问题。增加一般性预算资金，在确定预算金额的同时也充分考虑历史收支状况，增加动物疫病防控资金供给的稳定性。改进疫苗采购方法，实行优质优价。在防控策略上，要逐步转变以强制免疫为主的防控策略，将重心适当地向以扑杀补贴为主、强制免疫为辅的防控策略转移。

第五章

市级财政支持兽医事业发展分析

在不断推进省直管县的财政管理体制改革中，地市级财政是如何支持兽医事业发展？本研究以四川省达州市、湖北省鄂州市为例①，从市级财政的支持视角，对地级市 2006 年以来的兽医事业财政投入、全国动物防疫体系建设、强制免疫疫苗补助、动物扑杀和无害化处理补助、村级防疫员补助等情况进行分析，了解各项政策措施的落实情况，分析兽医事业财政投入存在的不足与问题，为"十二五"期间兽医事业的发展提供科学的决策依据。

一、市级财政支持兽医事业发展的做法和特点

为实现重大动物疫病防控规范化、制度化，四川省达州市围绕解决"有人办事、有钱办事、有能力办事"的问题，推进改革，加大投入力度，重大动物疫病的防控长效机制已初步建立。

（一）兽医管理体制改革基本完成

针对乡镇兽医站"网破、线断、人散"的问题，四川省达州市较早地进行了兽医管理体制改革。2003 年 4 月，四川省达州市出台了《关于全市乡镇畜牧兽医站改革的意见》，理顺了县乡兽医管理体制、落实了基层兽医站经费，明确了基层兽医站职能。到 2005 年年底，达州市基层兽医站改革

---

① 为了深入了解我国兽医事业的财政支持状况，逐步解决兽医事业的财政支持问题，农业部农村经济研究中心组成调研组于 5 月 11 – 13 日赴四川省达州市进行实地调研，听取了达州市畜牧局有关兽医事业的发展情况介绍，与渠县、大竹县等畜牧局同志进行了座谈，与 5 个基层兽医站相关同志进行了交流，走访了 13 个村级防疫员，深入调研

基本结束，全市定编 314 个乡镇兽医站，定员 661 人，比改革前减少 1 757 人，减编 72.7%；乡镇兽医站人员工资按每年 6 000～10 000 元纳入财政预算。2006 年，按照国发 15 号和省政府 17 号文件的要求，达州市政府制定了《关于推进兽医管理体制改革的意见》，进一步明确了乡镇兽医站是县级畜牧兽医主管部门的派驻机构，属全额拨款事业单位。目前，全市共设 314 个乡镇畜牧兽医站，编制 865 名，现聘用人员 862 名。每个村设立一名村级防疫员，现聘用村级防疫员 3 198 人，由县财政给予定额补贴。大竹县撤销了原县动物防疫检疫站，成立了县动物卫生监督检查所、县动物疫病预防控制中心，前者为参照公务员管理单位，后者为县级全额拨款事业单位，通过一撤一建，整合了兽医行政执法资源，完善了县级技术支撑服务体系，明确了工作职责。

（二）兽医事业财政投入不断加大

市级财政在有限的资金里也对兽医事业的给予了支持。例如，2006—2010 年四川省达州市各级财政投入防疫专项工作经费 7 537.9 万元，其中市级年投入 120 万元左右，达县从 2006 年起每年县财政安排 150 万元用于重大动物疫病防控，大竹县每年安排 50 万～80 万元防控专项经费，其他各县也加大了防控经费的投入，全市启动了"无规定动物疫病区（缓冲区）、动物防疫及冷链体系、县级动物防疫及检疫基础设施、乡（镇）兽医站基础设施"等项目建设，保障了免疫、检疫、疫病监测、堵疫、扑疫工作的有效开展[①]。2006—2010 年达州市、大竹县和渠县的兽医事业财政投入情况见表 5 - 1。

表 5 - 1 2006—2010 年达州市、大竹县、渠县的兽医事业财政投入情况

单位：万元

年　度	达州市	大竹县				渠　县			
	合　计	大竹县合计	人员经费	防疫专项经费	项目建设资金	渠县合计	人员经费	疫病防控资金	项目建设资金
2006 年	2 228	1 313.7	966.7	60	287	726	615	101	10
2007 年	797	1 607.9	1 147.9	60	400	2 594	950	339	1 305
2008 年	1 793	1 803.1	1 104.1	60	639	2 176	818	211	1 147

---

① 本章节将达州市、大竹县和渠县放在一起分析，目的是对市和县的财政投入进行对比分析

续表

年　度	达州市	大竹县				渠　县			
	合　计	大竹县合计	人员经费	防疫专项经费	项目建设资金	渠县合计	人员经费	疫病防控资金	项目建设资金
2009 年	6 785	1 959.1	1 360.1	60	539	3 176	1 115	512	1 549
2010 年	4 293.4	2 045.3	1 277.5	60	707.8	4 317	1 385	514	2 418
合　计	15 896.4	8 729.1	5 856.3	300	2572.8	12 989	4 883	1 677	6 429

注：达州市数据不全，因而没有详列分项目

　　大竹县 2006—2010 年，中央、省、市、县总投入 8 729.1 万元，其中中央投入 2 497.8 万元，省级 75 万元、县级 6 156.3 万元；人员经费占总投入的 67.02%，防疫专项经费占 3.4%，项目经费占 29.47%；县级财政投入占总投入的 70.52%。

　　渠县每年用于动物疫病防控的资金主要来源于县本级财政，自 2008 年以来，省级投入基层动物防疫工作经费约 110 万元，生猪调出大县奖励资金中 10% 用于防疫，这部分资金每年约 60 万元，每年省级资金总计约在 170 万元；建设资金绝大多数为省级或国家财政投入，县本级财政投入主要集中在项目建设配套资金方面；人员经费及一般工作费用全部由县本级财政投入。

　　（三）《全国动物防疫体系建设规划》稳步推进

　　在部分市，《全国动物防疫体系建设规划》也安排了一些项目。自 2006 年以来，四川省达州市本级、7 个县（市、区）和 314 个乡镇兽医站都纳入了国家动物防疫体系建设范畴，中央、省投入县级防检疫和乡镇兽医站基础设施建设项目经费约 3 888.4 万元，其中县级防检疫基础设施建设投入 429 万元，乡镇兽医站基础设施建设投入 3 459.4 万元，见表 5 - 2。达州市还启动了无规定动物疫病区（缓冲区）、动物防疫及冷链体系、县级动物防疫及检疫基础设施、乡（镇）兽医站基础设施等项目建设，完善了市、县、乡三级动物防疫基础设施，市县两级共建立了 8 个兽医实验室，疫苗冷藏设施已全部到位，市、县配有冻库，乡镇兽医站配有固定的办公用房、冰（箱）柜、解剖台、解剖工具、消毒锅等，村防疫员配有冷藏包。

表 5 - 2　2006—2010 年达州市动物防疫体系基础设施建设项目及经费　　单位：万元

年　度	县　级	乡　镇	合　计
2006 年	77	1 543	1 620
2007 年	99	0	99
2008 年	19	539	558
2009 年	234	1 294	1 528
2010 年	0	8 3.4	83.4
合　计	429	3 459.4	3 888.4

（四）强制免疫疫苗经费得到保证

2009 年以来，中央、省、市、县的重大动物疫病强制免疫疫苗经费稳步增加。例如，四川省达州市 2010 年的强制免疫疫苗经费达到 2 883 万元，其中中央财政投入 2 308 万元，省级财政投入 353 万元，市级财政承担 21 万元，县级财政投入 201 万元，见表 5 - 3。2009 年，四川省对强制免疫疫苗管理和经费投入进行了改革。每年上、下半年，由市、县两级根据免疫数量向省级上报采购计划，省畜牧食品局根据计划统一招标采购并分配到各市（州）、各市（州）分别给生产厂家签订合同并组织调运。疫苗经费按照中央 80%、省级 10%（其中扩权县 13%），市级 3%，县级 7% 的比例分别承担，其中中央、省上的疫苗经费下拨到各市（州）财政部门，由各市（州）财政部门给各生产企业支付疫苗经费。

表 5 - 3　2009—2010 年达州市疫苗经费投入情况　　单位：万元

年　度	中央财政	省级财政	市级财政	县级财政	合　计
2009 年	3 242	360	29	273	3 904
2010 年	2 308	353	21	201	2 883
合　计	5 550	713	50	474	6 787

大竹县 2009 年和 2010 年疫苗经费总额达 924.31 万元，其中，中央 734.44 万元、省级 120.16 万元、县级 86.59 万元，投入比例分别达 80%、13% 和 9.37%。2006—2010 年，大竹县因重大动物疫病强制免疫应激反应导致死亡和疑似疫情扑杀和无害化处理费用达 273.7 万元，其中 2006 年支付禽流感疫情无害化处理费用达 200 多万元，无害化处理费用全部由县级财

政承担。

渠县2010年全县疫苗金额676.25万元，其中，中央、省负担了630.8万元，县本级负担了45.45万元。动物扑杀和无害化处理经费全部来源于县财政，自2006年以来，该项经费每年约35万元，5年共计175万元，主要用于动物免疫反应死亡后的补助，以及患病畜禽的扑杀及无害化处理费用。

（五）村级防疫员队伍基本建立

市级财政基本不投入村级防疫员的补助，但是，负责全市范围内的村级防疫员的统一管理。目前四川省达州市村级防疫员队伍基本建立。在现聘的3 198名村级防疫员中，兽医专业人员1 672人，占52.3%；中专及高中以上人员为1 407人，约占44%；50岁以下人员为2 391人，约占74.7%。中央每年下拨达州市村级防疫员补助经费约为600万元（图5－1），省级和市级没有投入，各县（市、区）根据财力情况，每人每月按照50~80元标准纳入县财政预算。达州市村级动物防疫员人均补助金额为每年1 940元，最高的2 600元/年，最低1 600元/年，作为强制免疫、疫情监测、消毒来源、堵疫、扑疫等防控工作的报酬。

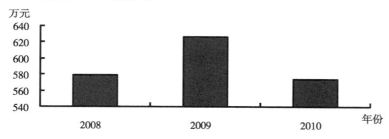

图5－1 2008—2010年村级防疫员补助资金投入

（六）动物检疫能力明显增强

地市级的动物检疫工作有效地弥补了省级检疫工作的空白。2005年以来，湖北省鄂州市完成免疫抗体监测和疫情监测血样2.02万头（只）份，鸡鸭口腔及肛门拭子3 785对，鸟类粪便1 200份。2005—2009年鄂州市动物卫生监督机构共检疫动物5 538万头（只），检出不合格动物4.64万头（只）、不合格动物产品30.9吨，全部按照有关规定进行了无害化处理。2009年，全市畜禽产品兽药残留达标率达99.6%，比2005年的94.2%提高了5.4个百分点。

二、地市级财政反映兽医事业发展存在的主要问题

虽然各地的重大动物疫病防控取得了显著的成效，但是由于地市级的政府财力较差，兽医事业发展在经费投入、基础设施建设、村防疫员队伍建设等方面还存在一些问题。

（一）基层动物防疫工作经费缺乏，防疫工作难度大

在动物防疫过程中，除了疫苗经费外，还需要大量的工作经费。如要把疫苗注射到一头（只）畜禽，需要基层投入劳务费、免疫器械费、免疫反应抢救及死亡补偿费、免疫抗体监测费、消毒费等配套经费。据达州市畜牧食品局测算和不完全统计，强制免疫工作中央每投入 1 元钱的疫苗经费，基层要配套 2 ~ 3 元的工作经费才能保证免疫工作任务高质量地完成，四川省达州市的市、县两级财力较差，投入的动物防疫经费仅能基本维持工作。市、县级动物疫病监测工作经费投入少，基层设施设备的维护与更新、冻库的水电费等都是一笔较大开支。乡镇兽医站普遍缺乏工作经费，兽医工作人员的每人每年的工作经费为 2 000 元，每站以 3 人计算，每年仅 6 000 元工作经费，而仅就渠县村级防疫员培训费而言，每年就需要 3 000 元。此外，乡镇兽医站冷链设备的运转、交通工具的维修、应激死亡和无害化处理费用、村防疫员的培训费用、注射器消毒液等费用平均每年更高达 2 万多元。市、县级动物疫病监测工作经费的缺乏将直接影响疫病诊断监测作用的发挥。

（二）基层动物防疫基础设施建设与配套设施滞后

目前市级动物防疫基础设施建设相对滞后，主要表现在以下几个方面。一是市级防疫基础设施要落后于县级。四川省达州市市级仅于 2003 年投入"动物防疫及冷链体系"项目经费 80 万元，此后一直没有项目投入，市级兽医实验室建设严重滞后，仪器设备配备、检测能力已落后县级。二是乡镇畜牧站配套设施落后。乡镇兽医站交通工具缺乏，不利于兽医工作开展。以渠县为例，乡镇兽医站平均只配备一辆摩托车，在渠县这样的深丘陵地区开展工作非常不方便，特别是下雨天开展工作更为困难，兽医工作非常辛苦。大竹县情况稍微好些，乡镇畜牧站基本上能够保证每人一辆摩托车。三是村级动物防疫基础设施差。目前达州所有的行政村或社区均没有村级动物防疫

室，设施设备差，村级防疫员无消毒锅、电热炉，更无小型冰箱，仅有一冷藏箱，疫苗保管和使用存在隐患，免疫工作质量难以保证；村级防疫员做防疫基本的防护设备都没有，有些村级防疫员做防疫工作是有路没车，因为路远，防疫员只能步行去，有时为了一家的防疫工作得耗费整整一天，尤其是有些动物（如鸡）的防疫，只能晚上去做，工作非常辛苦。

（三）基层动物防疫基础设施运转经费及后续资金跟进不足

2007年以来，中央对很多乡镇兽医站给予了较多的投资，对动物防疫体系建设项目，国家主要以设备仪器投资为主。项目建成后，没有后续资金确保相关技术人员的培训及设备的运转维护，设施设备使用效率不高，不能完全发挥项目的作用，影响了项目实施过程中各项工作的正常开展。四川省达州市反映，兽医实验室的人员工资太低，仪器设备先进，需要高学历的专业人员来操作，但是工资低，招不到人，留不住人，聘用非专业人员对仪器设备也是一种浪费，处于两难境地。实验室日常运转经费也比较缺乏，如抗体测定费用为10元/份，如每年测定1万份，一年就需要十几万，但是这项经费没有来源。

（四）村级防疫员待遇较低，队伍难以稳定

村级防疫员工作量大，风险高，待遇相对较低。村级防疫员每年要完成春秋两季动物普免工作[①]以及平时的补免、免疫档案建立、疫情普查和动物健康巡查及报告、参与病死动物的无害化处理，还要协助动物产地检疫，工作任务繁重。村级动物防疫员在动物防疫工作中还要面临人畜共患传染病感染风险、意外伤害风险和人为伤害风险。相比较工作量和工作风险而言，村级动物防疫员待遇较低。达州市村级动物防疫员年平均补助为1 940元，仅相当于当地农民人均纯收入的40%。特别是部分技术单一、经验尚浅的防疫员，诊疗收入更加低下，严重影响到村级防疫员工作的积极性。随着外出打工就业环境的日益改善，许多年轻专业人才外出务工，村级动物防疫员队伍严重老化，且绝大部分为非专业人员。

---

① 以生猪防疫为例，一头猪在春秋两季分别需要打口蹄疫、蓝耳病、猪瘟3针，而且3针不能一起打。据测算，村防疫员普免工作量约为90天。由于达州地处山区丘陵地带，农户居住分散，而且村防疫员没有配备摩托，补免工作有时需要步行10千米才能到达

（五）动物扑杀补助标准低，无害化处理经费空白

发生疫情强制扑杀和因强制免疫造成应激死亡的补偿标准非常低，使养殖户对正常的防疫工作产生抵触情，增加了疫病防控的难度。目前，在生猪屠宰环节，国家对病死生猪按每头80元给予无害化处理补贴，而在养殖环节国家目前没有给予补贴，疫病、传染病、强制免疫应激死亡、内部管理不善、长途运输等原因都会造成养殖环节的动物死亡，补贴经费的空白导致无害化处理难以规范和到位，不利于防控重大动物疫病。当前动物病死的情况大多数发生于广大农村和养殖场，无害化处理基本上都以掩埋方式进行，成本较高，相关费用均由养殖户、村级防疫员或基层兽医站承担。

三、促进地市级财政支持兽医事业发展的政策建议

（一）加强动物防疫基础设施建设及后续运行经费的投入

对于地方财政收入较为困难的市县，要加大中央和省级财政的投入，重点投入以下几个方面：一是进一步加大投入力度，加强地市级、县级动物防疫站、县级动物卫生监督站、乡镇兽医站等基础设施建设，在中央已投资建设的县、乡镇动物防疫基础设施建设项目的基础上，进一步完善市、县（区）、乡镇及村动物疫病预防与控制体系的配套设施建设，进一步跟进相关项目建成后的后续资金支持，确保相关技术人员的培训及设备的运转维护，提高设施设备使用效率，充分发挥项目的作用；二是加大市级动物防疫基础设施建设，将市级兽医实验室建设列入国家动物防疫建设规划，加强市、县两级动物检疫隔离场、动物及其产品无害化处理场等的建设；三是加快村级动物防疫室建设，将村级动物防疫室建设的投入纳入中央、省、县（区）动物防疫预算资金，同时将村级防疫室纳入新农村建设规划，通过多项投入，按每年建设25%的进度，在2015年前建立起覆盖全市、各行政村基础设施设备齐全、服务功能完善的村级动物防疫室，增强村级动物疫病防控能力。

（二）进一步处理好规划与项目的关系

对全国动物防疫体系建设做出整体安排，对总量投资和建设目标等做出

规定。具体的建设内容和投资标准要根据实际情况，对具体项目的建设内容不能"一刀切"。各地经济发展水平不一致，开展实验室监测、检测的能力也不平衡，对仪器设备的品种、数量、规格、质量需求有所差异。建议从畜牧业生产规模和防疫工作任务的实际出发，确定投资规模、建设标准和建设内容，实现投资效益最大化。

（三）稳步提高村级防疫员素质

各级政府要认真研究村级防疫队伍工作的激励机制。一是增加村级防疫员财政补贴预算。从达州市调研情况看，如果村级防疫员的收入能达到村干部的收入水平（即每年 6 000元）基本就能稳定队伍，因此，中央政府要继续加大村级防疫员补贴经费的投入，逐年增加补助标准，地方政府也要分担部分补助，共同提高村级防疫员待遇。二是为村级防疫员购买意外保险。目前，我国农村养老保险和新型农村合作医疗保险已在全国推开，可以解决村级动物防疫员的养老和医疗问题。相比较而言，为村级防疫员购买意外保险非常急迫。三是改善村级防疫员工作条件。要尽快为村级防疫员配备存放疫苗的冰柜（箱），确保疫苗安全；要尽快为山区、丘陵地区村级防疫员配备相应的交通工具或发放交通补贴，确保工作及时有效开展。四是加强村级防疫员培训，提高基层动物防疫员素质。国家应将基层防疫员培训和能力提高纳入总体规划，投入相应的经费，采取多种形式（如委托相关大专院校举办专业技术培训班、利用国家新型农民科技培训工程项目等）对基层防疫队伍进行系统培训。建立技术职业技能鉴定和职称评定制度，开展村级防疫员职业技能鉴定和职称评定工作，从而建立起一支适应现代动物疫病防控工作要求的新一代职业动物疫病防控队伍。

（四）提高无害化处理和扑杀补贴标准和覆盖面

为切实解决养殖环节病死动物无害化处理有关问题，有效预防动物疫情传播，保障人民身体健康和畜牧业的健康发展，建议国家尽快出台养殖环节病死动物及其产品回收、无害化有偿处理等相关政策。政府应把对病死畜禽无害化处理的补偿费用纳入财政，对按规定进行了无害化处理病死畜禽的畜主，按有关标准进行补偿，并将这笔资金作为动物防疫监督机构的无害化处理专项经费。此外，还应完善激励机制和处罚办法，促进养殖环节无害化处理工作的科学有序开展。因注射疫苗反应死亡的补偿经费纳入中央财政预算，每年按免疫总量定期给予一定比例的资金拨付。加大对重大动物疫情扑杀补偿金的支持力度，除保证扑杀补助资金的及时性外，提高对强制扑杀的补贴标准。

第六章

县级财政支持兽医事业发展分析

为深入了解我国兽医事业的财政支持状况，尤其是县级兽医财政体制、基础设施建设、机构编制、基层防疫人员的工作经费保障等情况，本研究利用农业部管理干部学院在各地举办畜牧大县局长培训班的机会①，向部分大县的畜牧兽医局长下发了问卷，调查范围覆盖全国东、中、西部31个省份300个畜牧大县，共发放问卷300余份，回收有效问卷215份。调查样本包括除西藏之外的30个省（市、自治区）的215个县，其中东部地区59个县，中部地区76个县，西部地区80个县。在调查中，课题组专门设计了"财政支持兽医事业情况问卷"，内容涉及各级兽医机构性质与人员经费保障情况、县（市）兽医工作经费获得中央财政转移支付情况、近年来中央和地方政府对县、乡级兽医机构的基础设施投入情况、动物疫病及防疫补偿情况五大部分。此外，课题组还专门赴辽宁省黑山县与相关重点畜牧大县畜牧局长就重大动物疫病防控、当地兽医事业的财政支持做法与经验进行了交流。本章就是以县级财政支持兽医事业的做法和特点为切入点展开分析。

一、县级财政支持兽医事业发展的做法和特点

（一）县、乡镇兽医机构人员经费基本得到保障

按照《国务院关于推进兽医管理体制改革的若干意见》（国发〔2005〕

---

① 此次调查得到了农业部兽医局、农业部管理干部学院、中国农业大学、华中科技大学、西南大学等有关单位的大力支持

15 号）的要求，各级地方政府都加快兽医管理体制改革的步伐，加大了对兽医事业的财政支持力度，县级兽医体制改革也不例外。根据本研究调查，各类机构改革后性质各不相同。县（市）一级，行政管理机构性质以公务员（参公）为主（77.1%），全额拨款事业单位为辅（22.9%）；兽医卫生监督所机构性质以全额拨款事业单位为主（69.95%），公务员（参公）为辅（21.13%），差额拨款事业单位为补充（8.92%）；疫病控制中心机构性质主要是全额拨款事业单位（84.06%），公务员（参公）（6.28%）和差额拨款事业单位（9.66%）为补充。乡镇一级畜牧兽医站以全额拨款事业单位为主（67.76%），差额拨款事业单位为辅（30.84%），公务员（参公）为补充（1.40%）。从表 6－1 中所显示的县、乡镇兽医机构经费保障情况来看，行政管理机构经费最有保障，其他依次分别是兽医卫生监督所、疫病控制中心和乡镇畜牧兽医站。

表 6－1　县、乡镇兽医机构人员经费保障情况　　　　单位:%

机构名称		机构性质		
		公务员或参公	全额拨款事业单位	差额拨款与自收自支事业单位
县（市）级机构	行政管理机构	77.10	22.90	0
	兽医卫生监督所	21.13	69.95	8.92
	疫病控制中心	6.28	84.06	9.66
乡　镇	畜牧兽医站	1.40	67.76	30.84

（二）县级兽医工作经费不断提高

从调查情况来看，中央财政对兽医工作经费的转移支付力度不断加大，各项目转移支付所惠及的省份数不断增加。2007—2009 年，动物疫病监测经费项目获得中央财政转移支付的省份增加了 20 个县（从 57 个县增加到 77 个县）；强制免疫经费、动物扑杀补助、死亡动物无害化处理补助项目分别扩大了 19 个（从 89 个县增加到 108 个县）、12 个（从 57 个县增加到 69 个县）和 14 个县（从 32 个县增加到 46 个县）；动物标识及疫病可追溯体系建设（耳标经费）项目增加了 21 个县（从 78 个县增加到 99 个县）；基层动物防疫工作经费补助（村防疫员补助）项目增加了 77 个县（从 74 个县增加到 151 个县）。

（三）县级财政负责村级动物防疫员补助经费

按照《农业部关于加强村级动物防疫员队伍建设的意见》（农医发〔2008〕16号）要求，原则上每个行政村要设立一名村级动物防疫员，畜禽饲养量大、散养比例高或者交通不便的地方，可按防疫工作的实际需要增设。从调查实际情况来看，目前村级动物防疫员配备标准多样，既有按村配备，也有按养殖量配备，还有按农户数①、人口数配备等形式，其中以按村配备（67.91%）和按养殖量配备（18.14%）两种形式为主。村动物防疫员补助经费由中央、省、县（市）、乡四级财政保障。从调查结果看，补助经费主要以县（市）财政为主（53.33%），中央（20.71%）和省级财政（22.23%）为辅，乡镇财政（3.73%）为补充的格局。此外，各县（市）还因地制宜，采用多种方式保障村级动物防疫员的经费。如江苏省南京市各区县对村防疫员的补助方式就有固定补助、基本报酬加补助和基本工资加奖励三种形式。四川省渠县村级防疫员补助经费来源，一是县本级财政投入，自2006年至2010年，每年预算51.55万元；二是中央下拨基层动物防疫工作补助经费是从2008年开始的，2008年下达100万元，2009年下达119万元，2010年下达110万元，主要用于乡村两级动物防疫人员开展强制免疫、消毒、无害化处理及边界隔离带建设。大竹县县级财政给予村级防疫员定额补助每人每年500元，从2008年开始，平均每人每年获得补助2100元，月均近200元。从整体情况来看，大竹县财政要比渠县好一些。

（四）县级兽医机构的基础设施投入明显增加

从调查情况来看，近3年中央和地方政府加大了对县乡兽医机构的基础设施投入，加强了对县级动物防疫站与疫病控制中心、县级动物卫生监督站、乡镇畜牧兽医站三类项目建设的支持力度，共投资建设站（所）1536个，总投资额度达到3.49亿元，中央和省级财政转移支付达到70%以上。从投资重点看，中央和地方政府主要支持乡镇畜牧兽医站的建设项目，该项目涉及141个县，投资建设1137个站，总投资达到2.28亿元，中央和省级财政的支持力度分别达到68.2%和8.4%，2007—2010年中央和地方政府对县、乡级兽医机构的基础设施投入情况见表6-2。

---

① 如《安徽省人民政府关于推进兽医管理体制改革的实施意见》（皖政〔2006〕56号）明确要求，每1000个农户配备1名村级动物防疫员

表 6-2 2007—2010 年中央和地方政府对县、乡级兽医机构的基础设施投入情况

项目名称	涉及县数（个）	投资数量（个）	总投资额（万元）	资金来源		
				中央财政（%）	省级财政（%）	地方（市、县）配套（%）
县级动物防疫站与疫病控制中心建设项目	78	350	8 901	63.7	11.6	25.7
县级动物卫生监督站建设项目	52	49	3 226	66.5	8.9	24.6
乡镇畜牧兽医站建设项目	141	1137	22 793	68.2	8.4	23.4

（五）县级财政积极落实动物疫病及防疫补偿

2007 年以来，我国各种动物疫情频发。215 个县的调查显示，有 52 个县发生重大动物疫情，占到调查样本的 24.19%。其中有 18 个县发生过猪蓝耳病，28 个县发生过口蹄疫，13 个县发生过禽流感，20 个县发生 2 种以上疫病，部分县发生过奶牛布氏杆菌病、鸡新城病等疫病。发生疫情的县（市）总共扑杀大牲畜（牛马等）611 头，奶牛 729 头，猪 5.94 万头，禽类 101 万只，羊 350 头。发生疫情后，所有县（市）均对养殖户与规模养殖场因强制扑杀的动物、销毁的动物产品和相关物品的损失进行了补偿，但补偿标准存在差异。如江苏省泰兴县对每头大牲畜补偿 4 000 元，每头奶牛补偿 4 000 元，每头猪补偿 500 元，每只家禽补偿 10 元；湖北通城县对每头大牲畜补偿 3 000 元，每头奶牛补偿 6 000 元，每头猪补偿 600 元，每只家禽补偿 10 元；新疆新源县对每头大牲畜补偿 1 500 元，每头奶牛补偿 3 000 元，每只家禽补偿 10 元。有 138 个县（市）对养殖户与规模养殖场因依法强制免疫造成动物应激死亡进行了补偿，占总样本的 64.2%，但补偿标准存在差异。如广东怀华县对每头大牲畜补偿 3 000 元，每头猪补偿 800 元，每只家禽补偿 15 元；黑龙江汤原县对每头大牲畜补偿 5 000 元，每头猪补偿 1 200 元，每只家禽补偿 20 元；云南腾冲县对每头大牲畜补偿 1 000 元，每头奶牛补偿 8 000 元，每头猪补偿 300 元，每只家禽补偿 20 元。在发生重大动物疫情时，有 44 个县（市）的养殖户与规模养殖场获得如农业政策性保险理赔、专业协会或合作社等组织提供补偿等其他补偿。另外，在发生重大疫情后，国家及省、市、县政府积极为养殖户与规模养殖场恢复生产提供支持。调查发现，有 28 个县得到补助或支持，其中，12 个县得到财政项目等支

持，10 个县得到低息贷款，3 个县同时得到财政项目支持和低息贷款，其中有部分县获得重复项目支持。

二、县级兽医事业发展中存在的突出问题

21 世纪以来，我国加大了对兽医事业的财政支持力度，兽医事业取得了快速发展，取得了显著的成效，但是当前我国县级兽医事业发展仍然面临着一些问题。

（一）兽医机构改革缓慢且经费难以保障

按照《国务院关于推进兽医管理体制改革的若干意见》（国发〔2005〕15 号）和《农业部关于贯彻〈国务院关于推进兽医管理体制改革的若干意见〉的实施意见》（农医发〔2005〕19 号）的要求，"各地兽医工作机构的调整改革，原则上要在 2005 年年底前完成。兽医行政管理、动物卫生监督和动物疫病预防控制机构所需经费要按照国务院文件要求纳入各级财政全额预算管理，保证其人员经费和日常运转费用。"然而，调查显示，截至 2010 年 4 月底，除了兽医行政管理机构改革已纳入全额预算管理，兽医卫生监督所和疫病控制中心分别还有 8.92% 和 9.66% 没有纳入全额预算管理。按照《农业部关于深化乡镇畜牧兽医站改革的意见》（农医发〔2009〕9 号）要求，"抓紧建立稳定的乡镇畜牧兽医站公共财政经费保障机制，切实将乡镇畜牧兽医站的工作经费，以及人员工资、社会保险等全额列入财政预算"。然而，调查显示，截至 2010 年 4 月底，仍有 30.84% 乡镇畜牧兽医站未纳入全额财政预算。

（二）基层防疫机构基础设施建设投入少

现有的乡镇畜牧兽医站多数是在 20 世纪 70 ~ 80 年代建设的，站房陈旧破烂，缺乏实验室必备的化验检测和冷链设备，部分仪器设备陈旧老化，长期得不到更新。部分地区乡镇兽医站冷藏设备早已损坏，疫苗只能寄存在有冰箱的商店或农户家中。虽然 2004 年以来，中央和省级地方财政加大了对基层防疫机构基础设施的投入，但是总体来看，还不适应当前疫病防控工作要求。在设施建设方面，调查数据显示，有 97 个县要求加强基层防疫基础设施建设，占到总数的 45.12%；有 78 个县要求加强乡镇兽医站建设，部

分县（市）要求加强县级兽医实验室、动物疾病控制中心、县级疫病监测中心等设施的建设。从基础设施建设项目资金投入主体来看，主要是缺乏中央财政资金投入。调查显示，在设施建设方面，有60.8%的县要求完全通过中央转移支付解决；在设备建设方面，有62.5%的县要求完全通过中央转移支付解决。

（三）基层动物重大疫病防控经费短缺

目前，养殖户以散养为主，畜禽混养，人畜混居，且管理水平低下，同时，由于免疫动物种类和免疫病种多、免疫操作复杂，因此，对动物的疫病监测、强制免疫、耳标、死亡动物的无害化处理、村级防疫员补助等经费的保障要求高。虽然我国逐年加大对动物防疫工作经费的投入，但是我国动物防疫经费仍然比较缺乏。调查结果显示，有97个县要求增加基层防疫人员特别是村级防疫员的津贴或补助，有78个县要求增加疫病监测防控类经费，有41个县要求增加死亡动物无害化处理经费，部分县要求增加扑杀补助、应激死亡补助、县级防疫工作经费等费用。另外，部分县（市）在发生疫情强制扑杀和因强制免疫造成应激死亡的补偿标准非常低，使养殖户对正常的防疫工作产生抵触情绪，增加了疫病防控的难度。调查结果显示，在强制扑杀时，根据各县的财力状况，各地补助标准有所不同。一般来说，对每头大牲畜只补偿800元、每头猪只补偿200元、每头奶牛只补偿2 400元、每只家禽只补偿3元；在强制免疫造成应激死亡时，对每头大牲畜只补偿600元、每头猪只补偿100元、每头奶牛只补偿2 000元、每只家禽只补偿5元。这些标准明显偏低。

（四）村级防疫员补助经费保障不足

我国已初步形成了中央、省、市、县（市）四级畜牧管理机构，在县（市）级下设乡镇畜牧兽医站和村防疫员，但是由于基层防疫机构担负着一线繁重的工作任务，防疫工作的艰苦性，经费得不到保障，特别是村级防疫员报酬过低，因此队伍很不稳定。调查显示，215个县村防疫员每年每人的平均补助为2 470元，其中低于（或等于）1 000元的有71个县，约占调查样本的1/3，特别是还有27个县的村级防疫员没有享有到补助。这一补助标准远远低于2009年农民人均纯收入的5 153元。由于补助标准偏低，该工作岗位对素质较高的农村青壮年劳动力吸引力不大，部分地方出现村动物防疫员辞职改行或外出务工现象，人才流失严重，青壮年层次人数明显不足。由于村级防疫员队伍不稳定，在遇重大动物疫情需紧急防疫时，一些村的动物防疫工作只能靠临时抓差、拼凑的方式招聘技术素质不高的社会人员来解决。

（五）基层防疫体系建设资金与项目要求不相匹配

以四川省渠县为例，2006—2010年，中央和省级财政投入动物防疫基础设施建设项目经费共651万元，规划对全县60个乡镇兽医站进行新建或改建，要求项目站在完成后，每个乡镇兽医站的业务用房均达到120平方米以上，仪器设备基本配置完整。2008年平均每个站投资10万元，其中7万元用于土建工程，3万元用于仪器设备采购；2009年每个站投资16万元，其中13万元用于建设业务用房，3万元用于仪器设备采购。就业务用房新建、改建情况来看，近几年房价上涨过快，项目经费连购房都不够①，加之县级财力较为紧张，基本没有配套经费投入，导致部分乡镇站只能采取租房办公。2009年上级要求各个乡镇要建设不少于3个检疫申报点，每个30平方米左右，渠县大概需要建设180个点，每个点需要10万元，共需要1 800万元，但是由于没有补助，每个县市、县级财政都非常紧张，实在拿不出钱来建设，只好利用旧的站点改建或者租房来应付。

三、辽宁省黑山县兽医事业财政投入机制分析

黑山县作为全国典型养殖大县，也曾经一度成为动物疫情的重灾区，该县兽医机构运转模式、兽医事业财政投入模式、兽医事业财政投入的问题等都有一定代表性。调研发现，在2005年暴发禽流感后，地方政府高度重视兽医事业财政投入，成效显著，但仍然存在投入机制、投入结构不合理等方面的问题，需要进一步完善②。

---

① 渠县乡镇房价约为1 500元/平方米，按农业部要求乡镇兽医工作用房120平方米计算，约需18万元；

② 为了深入了解兽医事业投入机制，课题组于2011年3月赴黑山县进行了调查，先后与辽宁省畜牧兽医局、锦州市畜牧兽医局、黑山县畜牧兽医局及动监所、疫控中心等部门负责人进行座谈，深入基层动物卫生监督所调研，并与村级防疫员进行交流

（一）黑山县畜牧养殖和兽医体系建设情况

黑山县占地 2 436 平方千米，辖 17 个镇、4 个乡、1 个民族乡，全县人口 64 万。改革开放以来，黑山县畜牧业发展迅速，是该县的支柱产业。全县饲养牛、羊、猪、鸡、鹿及其他畜禽种类 20 余种，农民 30% 的收入来源于畜牧养殖业。2010 年年末，黑山县生猪饲养量 270 万头，牛 40 万头、羊 20 万只，家禽 3 500 万只，家禽年产禽蛋 20 余万吨。

2005 年，黑山县发生 H5N1 亚型高致病性禽流感疫情，病死家禽 10 万余只，扑杀 1 563 万多只，全县经济损失 113 416 万元，其中，直接经济损失 73 328 万元，间接损失 40 088 万元。此次重大动物疫情发生以后，中央、省、市、县各级共投入了 1.4 亿多元补偿资金，但仅能弥补全部经济损失的 1/10，禽流感疫情对全县经济发展造成了严重影响。此次禽流感疫情暴露出当时黑山县存在农村基层动物防疫体系不完善、禽类生产发展迅速但防疫体系薄弱等问题。禽流感疫情发生后，黑山县积极争取各级财政投入，重点采取了三大举措：一是成立县动物卫生监督管理局，下设 1 个县级动物疫控中心、1 个县级动物防疫监督所和 11 个区域性动物卫生监督所，履行全县重大动物疫病防控、动物卫生监督、畜牧小区规划、畜禽市场监管等职能，并通过公开招聘，录用工作人员 131 人，全部为全额拨款事业编制；二是为每个基层防疫所配备工作用车与办公设施，增强动物疫病防控硬件建设；三是聘用 310 名村级防疫员，负责村级畜禽防疫工作，并由财政给予报酬补贴。

（二）2006 年以来黑山县兽医事业财政投入特点

1. 中央财政投入以疫苗补助和乡镇所建设经费为主

2006—2010 年，中央财政对黑山县兽医事业投入资金累计达 1 856.9 万元，占总投入的 26.52%，其中：疫苗补助 1 653.9 万元，占疫苗总投入 40%；乡镇所建设投入 203 万元，占建设总投入 75.46%，如表 6-3 所示。通过对疫苗和乡镇所建设的投入，推动动物疫病防控走上规范化轨道，全县动物防疫密度、发卡率、登记率均达到 100%，免疫 20 天后抗体监测，有效保护率达到 100%。

表6－3　黑山县 **2006－2010 年兽医事业财政投入情况**　　　单位：万元

项　　目		2006 年	2007 年	2008 年	2009 年	2010 年	合　　计
人员经费	县级	330.6	336.2	353.4	369.3	392.4	1 781.9
	中央	40	653.88	360	200	400	1 653.9
	省级	40	653.88	360	200	400	1 653.9
疫苗补助	市级	10	163.47	90	50	100	413.47
	县级	10	163.47	90	50	100	413.47
	小计	100	1634.7	900	500	1000	4134.7
	省级	9.1	1.5	14.4	14.8	19.6	59.4
	市级	9.1	1.5	14.4	14.8	19.6	59.4
扑杀补助	县级	9.1	1.5	14.4	14.8	19.6	59.4
	小计	27.3	4.5	43.2	44.4	58.8	178.2
	省级	4	4	—	—	—	8
	市级	4.5	4	—	—	—	8.5
疫情监测	县级	—	—	3.5	10	3	16.5
	小计	8.5	8	3.5	10	3	33
畜产品安全监管	县级	—	—	—	—	15.9	15.9
免疫标识补助	县级	—	—	—	—	—	0
村防疫员补助	县级	62	62	155	155	155	589
	中央	143	—	60	—	—	203
	省级	—	—	—	—	—	0
乡镇所建设	市级	66	—	—	—	—	66
	县级	—	—	—	—	—	0

2. 政府投入带动其他主体的投入

2006—2010 年，黑山县共投入资金 5.18 亿元建养殖小区 259 个。其中 2006 年建养殖小区 70 个，投入资金 1.4 亿元；2007 年建养殖小区 60 个，投入资金 1.2 亿元；2008 年建养殖小区 60 个，投入资金 1.2 亿元；2009 年建养殖小区 43 个，投入资金 0.86 亿元，2010 年建养殖小区 26 个，投入资金 0.52 亿元。这些投入 95% 为养殖企业自筹，仅有 5% 为国家补贴。可见，其他主体在兽医事业投入中表现积极。

3. 人员经费得到一定保障

根据黑山县动监局提供的数据分析，2006—2010 年，黑山县兽医机构工作人员财政经费有一定的保障。2007 年人员经费同比增长 1.6%，2010 年人员经费同比增长近 6.3%。人员经费稳定增长的关键在于 2006 年黑山县根据国家兽医管理体制改革的要求，进行了机构改革。此外，黑山县为每个行政村配备了一名村级防疫员，全县共有 310 名，财政部门对每名村级防疫员每年补助 5 000 元，促进了村级防疫工作的稳步开展。

4. 动物扑杀补偿不断增加

黑山县全年一般死亡的家畜 6.6 万头左右，家禽 70 万只左右、奶牛"两病"（布鲁氏菌病和牛结核病）净出量在 50 头左右。2007—2010 年的动物扑杀补偿经费分别为 4.5 万元、43.2 万元、44.4 万元、58.8 万元，呈现不断增加的态势。通过动物扑杀补偿，为动物实施扑杀和无害化处理，对养殖户给予一定的补偿，既减少了养殖户的损失，又保证了畜禽产品质量安全，消灭传染源，防止了动物疫情的传播。

（三）黑山县兽医事业财政投入存在的突出问题

1. 中央财政投入比例不高

2006—2010 年，全县兽医事业财政投入中，中央财政累计投入 1 856.9 万元，仅占财政投入的 26.52%。其中，疫苗补助 1 653.9 万元，乡镇所建设 203 万元，对于基层兽医事业中扑杀、疫情监测、免疫标识、村级防疫员等重要项目尚无相应投入。畜产品质量安全监测经费仅 2010 年得到县财政 15.9 万元补助。

2. 县级财政配套资金压力大

国家有很多投入资金都需要县级财政配套，黑山县一直以来都是我国的畜牧养殖大县，财政收入整体水平不高，因此配套资金略显困难。2006—2010 年县级政府用于兽医事业配套资金累计 2 876.17 万元，年均投入资金 575.23 万元，占兽医事业财政总投入 41.08%。虽然县级财政配套投入了大量资金到兽医事业发展上，但仍捉襟见肘。

3. 投入结构失衡

2006—2010 年，黑山县兽医事业的财政投入总量 7 001.7 万元，其中人员经费 1 781.9 万元，疫苗补助 4 134.7 万元，扑杀补助 178.2 万元，疫情监测经费 33 万元，畜产品质量安全监管 15.9 万元，村级防疫员补助 589 万元，乡镇所建设 269 万元。财政投入中，疫苗补助比重最大，达 60%，其次是人员经费达 25%，扑杀补助、疫情监测、畜产品质量安全监管、免疫标识等重要动物卫生防疫工作环节财政投入比重合计仅占 3%。随着社会对民生和公共安全的日益关注，动物卫生在公共卫生中作用显著提升，兽医事业被社会赋予了新的任务，而兽医事业的投入尚局限于疫苗和人员，这种结构失衡，滞后于全社会对公共卫生安全的要求。

4. 村级防疫员补助标准过低

黑山县村级防疫员每人每年可获得财政补助 5 000 元，对提高村级防疫员工作积极性起到了十分重要的作用。但实际工作中，由于村级动物防疫冷链体系建设尚未列入财政支持项目，村级防疫员在上岗之前，要自购冷冻保鲜冰箱用于储存疫苗，一次性支出 2 000 元，为个人购买。防疫员每年的支出合计约为 1 520 元，具体为：200 元冰箱折旧费用（按从事 10 年防疫工作计算）、电费 300 元、交通费用 600 元、复印相关疫情报表等文书支出 100元、除春秋两免外免疫注射用针头材料 150 元、意外伤害保险支出 70 元和县统筹收取困难人员慰问基金 100 元等。村级防疫员每年实际净得补助仅3 480 元，低于当地农民人均纯收入水平。

5. 无害化处理投入严重不足

据了解，黑山县每年禽类养殖量达到 3 500 万只，按照正常死亡比例2% 计算，每年病死禽类达 70 万只。由于无害化处理场建设尚未纳入财政投入范围。病死动物基本以土埋方式处理，极易引起二次污染，尚有一部分病死动物被直接抛尸野外，给疫病传播埋下了巨大隐患。目前，仅"两病"净化检出的动物由县动物卫生监督机构按规定进行无害化处理，以深埋和焚烧为主，需租用挖掘机等大型机器并雇用人工，而相应经费却得不到财政支持。无害化处理落实不到位，极易引发疫情扩散。

6. 动物疫情监测经费补助缺口大

2006—2010 年全县动物疫情监测经费累计财政补助 33 万元。而根据国家相关法律对动物疫病疫情监测工作的要求，完成疫情监测工作实际存在67 万元缺口，经费保障与需求矛盾明显，如表 6 - 4 所示。

表 6 - 4　黑山县动物疫病预防控制中心经费收支情况　　　单位：万元

年　份	动物疫情监测补助经费			补助合计	实际经费需求	经费缺口
	省　级	市　级	县　级			
2006 年	4	4.5	—	8.5	20	11.5
2007 年	4	4	—	8	20	12
2008 年	—	—	3.5	3.5	20	16.5
2009 年	—	—	10	10	20	10
2010 年	—	—	3	3	20	17

数据来源：黑山县动物卫生监督管理局

四、加强县级财政对兽医事业投入的几点建议

（一）加强县级财政对兽医的投入

县级兽医部门要主动与当地政府沟通，切实采取有效措施，争取财政支持，加强基层防疫体系建设。同时，县级兽医部门要及时争取有关项目资金的支持，缓解基层财政的压力，落实配套资金，避免"短板效应"。

（二）调整财政支出结构

适时调整以强制免疫疫苗补助资金占主体的投入结构，逐步引导建立动物防疫工作经费的正常投入机制，使防控经费相对均衡地配置于动物疫病防控的各个环节。在保持相应规模的疫苗补助经费基础上，提高动物疫病的监测、预防、控制、扑灭及监督管理等工作经费，加强动物防疫、检疫、监督机构的基础设施、防疫检疫化验室、冷链系统建设，增加应急物资储备及动物防疫技术培训、宣传经费等。

（三）提高村级防疫员补助标准

进一步提高基层动物防疫工作补助经费标准，并统筹考虑解决关系到村级动物防疫员切身利益的养老保险、医疗保险、失业保险等社会保障问题，进一步健全村级防疫员利益保障机制，稳定村级防疫员队伍，确保基层各项兽医工作的落实。同时，要根据村级防疫员的工作任务、交通条件等因素，确定每个防疫员的全年补助额度，并参照经济发展及农民收入增长速度，相应增加动物防疫工作经费，使村级防疫员的工资水平不低于当地农民年人均纯收入。

（四）构建无害化处理运行机制

完善病死动物无害化处理设施建设、运行管理等各项政策措施。确保各类病死动物无害化处理设施规范、人员落实、职责明确、收集及时、处理规范，切实能够发挥实效。在黑山县每个乡镇建立一个无害化处理场，每个村建立一个无害化处理点，并给予全额财政补贴建设。同时对规模场无害化设施进行补贴，做到就地、及时、规范地对病死动物进行无害化处理。

（五）加大动物疫情监测经费投入

将疫情监测经费纳入财政预算，确保监测经费投入，加大监测投入力度，强化技术培训，建立相对稳定的监测队伍，建立经费保障长效机制。同时，加大对动物疫情检测工作的支持，根据外部环境的变化，及时增加财政投入，确保对动物疫情的监测力度，及时做好疫情防控工作，以应对要求越来越高的监测任务与越来越复杂的疫情。

第七章

财政支持乡镇基层兽医
事业情况分析

乡镇畜牧兽医站（以下简称乡镇站）是国家兽医管理体系中最基层的机构，直接面向农村和广大养殖户，承担大量具体的动物疫病防控等公益性工作，亟待各级政府公共财政大力支持。从全国的情况看，除极个别乡镇的经济实力比较强，绝大多数乡镇一级的财政支付能力十分有限，不可能投入大量的资金用于支持兽医发展事业，乡镇的兽医事业发展更多的是依赖上级财政的转移支付和项目资金。本章研究切入点是从乡镇兽医事业获得财政支持的角度入手进行分析，主要以课题组赴江苏省扬州市的 A、B、C、D 四个典型乡镇和其他一些调研的乡镇为案例进行典型分析。①

一、财政支持乡镇兽医事业发展的主要特点

（一）乡镇站的公益性服务工作经费基本得到保证

乡镇畜牧兽医站主要承担免疫注射、疫情普查、畜牧技术推广培训、畜牧生产和疫情统计等公益性技术推广服务。国务院出台的《关于推进兽医管理体制改革的若干意见》（国发〔2005〕15 号）明确规定了乡镇畜牧兽医站的改革方向，完全肯定了乡镇畜牧兽医站"三权归县"的设置和隶属关系，并要求将乡镇畜牧兽医站的日常运转经费和业务工作经费应纳入财政

---

① 为进一步明确今后中央及地方财政对基层兽医事业的支持路径和规模，课题组深入江苏省扬州市基层畜牧兽医站进行实地调研，详细了解乡镇畜牧兽医站情况，并听取基层畜牧兽医从业人员的意见与建议。为了避免批露乡镇的信息，这里将调研的四个乡镇用 A、B、C、D 代替

预算。对于依法收取的行政事业收费，上级财政实行"收支两条线管理"，为改革后的乡镇畜牧兽医站稳定的经费来源提供了政策保障。按照《农业部关于深化乡镇畜牧兽医站改革的意见》（农医发〔2009〕9 号），乡镇畜牧兽医站公益性服务工作经费的来源可以有三种形式：一是由县级动物防疫监督机构派出的畜牧兽医站直接实施，人员工资纳入财政全额预算，按规定收取的行政事业性收费实行"收支两条线"管理，全额上缴财政；二是由县级动物防疫监督机构派出的畜牧兽医站按照公益性服务工作量，聘任一定数量的防疫员，由政府给予补贴，所收取的行政事业性收费按比例返还作为工作经费；三是县级派出机构和乡镇政府共同组织，通过招投标方式，由诊疗机构或执业兽医承担公益性技术服务，政府支付所需工作经费。从对 215个县的调查情况来看，目前乡镇畜牧兽医站公益性服务的工作经费主要采取第一种方式（46.01%）和第二种方式（47.89%）解决。

（二）乡镇站点设施明显增强

在国家兽医行政管理体制改革的支持下，各地积极响应，对乡镇畜牧兽医站的房屋和动物及动物产品检疫报检站（点）基础设施，按面积和设计要求进行了改建、扩建和新建。乡镇畜牧兽医站的办公条件、交通工具、电脑、防疫工作条件都得到了改善，站容站貌焕然一新，职工的精神面貌也发生了深刻变化，工作积极性、主动性有很大提高。尤其是在 2008 年年底，国家的 4 万亿投资中，有一部分用于基层的防疫站点建设。

二、乡镇畜牧兽医站发展中存在的突出问题

A 镇，面积 66 平方千米，下辖 11 个行政村，人口 5 万。年产禽 160 万羽，生猪常年存栏 3.2 万头。畜牧兽医站为县农林局派驻乡镇机构，改革前为自收自支单位，改革后定性为公益性服务单位，参照全额补助事业单位，实际为差额补助事业单位。人员经费由县、乡财政根据核定编制给予补助；工作经费纳入所在乡镇财政预算，基础设施建设、死亡动物无害化处理、动物应激反应死亡补偿以及村级动物防疫员补助等各项经费均无明确规定和财政补助预算。

B 镇，面积 63.86 平方千米，下辖 13 个行政村，人口 4 万，三禽年产

80 万只，生猪常年存栏 2.5 万头。2009 年所在县（市）出台兽医管理体制改革办法，畜牧兽医站为县农林局派驻乡镇机构，改革定性为公益性服务单位，实际为差额补助事业单位。人员经费由县财政根据核定编制给予补助，村级动物防疫员补助由镇财政定额补助；防疫工作经费保障、基础设施投入、死亡动物无害化处理、动物应激反应死亡补偿等经费均无明确规定和财政补助预算标准。

C 镇，城关镇，面积 141.58 平方千米，总人口 24.5 万人，下辖 31 个行政村、29 个社区、2 个场园。畜牧兽医站为县农林局派驻乡镇机构，差额事业单位。人员经费由县财政根据核定编制给予补助，村级动物防疫员补助由中央转移支付及省、县配套定额补助，防疫工作经费由县财政给予定额补助；基础设施投入、死亡动物无害化处理、动物应激反应死亡补偿等经费均无明确规定和财政补助预算标准。

D 乡，少数民族自治乡，总人口 2.2 万，下辖 11 个行政村 1 个水产养殖场，三禽年产 30 万只，生猪常年存栏 1 万头，山羊 2 万只。畜牧兽医站为乡农业综合服务中心内设机构，全额补助事业单位。人员经费由乡财政根据核定编制给予补助，村级动物防疫员补助由中央转移支付及省、乡配套定额补助，防疫工作经费由乡财政给予定额补助，乡镇兽医实验室等基础设施投入由中央、省、乡按照 1∶1∶1 配套补助；死亡动物无害化处理、动物应激反应死亡补偿等经费无明确规定和财政补助预算标准。

这里主要以上述 4 个乡镇为例，分析乡镇兽医事业发展面临的主要问题。

（一）乡镇兽医体制改革不够彻底

从江苏省扬州市的四个乡镇畜牧兽医站的机构性质和人员编制情况看，当前基层兽医体制改革还未完全到位，如表 7－1 所示。一是机构改革方案和实际改革情况还存在一定偏差。被调查 4 个乡镇中有 3 个乡镇改革方案提出乡镇兽医站为全额补助事业单位，而实际仅有 1 个乡镇实现了全额补助。二是人员分流阻力较大。被调查 4 个乡镇中尚有 2 个乡镇实有人员超出编制人数。通过调查了解，人员分流的困难主要来自两方面的压力，一方面来自人员编制的压力，实际上，乡镇站的人员编制均通过从乡镇机构人员总编制数中调剂实现的，在一定程度上并不能代表乡镇站人员编制的合理化水平，单依靠编制内人员无法完成繁重的防疫任务；另一方面来自财政经费的压力，由于乡镇站财政经费得不到保障，应通过财政购买公益性服务方式实现的防疫工作（例如村级动物防疫员防疫工作等）得不到相应保障，导致大量防疫工作仍旧由乡镇站承担，乡镇站人员无法彻底分流。

表7-1　乡镇站机构性质与人员编制情况

乡　镇	机构性质	人员编制		
		核定编制	实有人员	说　明
A　镇	县农林局派驻乡镇机构，改革定性为全额事业单位，实际为差额事业单位	4人	8人	核定编制人数无法满足实际工作需要
B　镇	县农林局派驻乡镇机构，改革定性为全额事业单位，实际为差额事业单位	5人	5人	——
C　镇	县农林局派驻乡镇机构，差额事业单位	19人	19人	
D　乡	乡镇农业综合服务中心内设机构，全额事业单位	2人	7人	5名编外人员为村级防疫员

（二）人员经费普遍不足

乡镇畜牧兽医站的人员经费保障情况如表7-2所示，其主要存在两个问题：一是乡镇站人员经费财政补助标准偏低[①]，二是乡镇站改革中较普遍采用"定编不定人"的做法，使得人均经费明显偏低，所谓"定编不定人"的做法就是仅核定乡镇站财政供养的人员编制，实际上这些编制并未明确到具体个人，由于人员分流难以实现，导致许多人共同吃"大锅饭"的局面。

有的畜牧兽医站、所人员经费来源属于财政差额拨款，有的单位是自收自支，那些自收自支的动物检疫站驻派各乡、镇、办事处的动物检疫员所遇到的经济困难更为突出，个别乡镇分站较长时期收不抵支，开展业务也难以为继，而且人员编制较少，难以保证每个站所有两名执法人员执法。人员经费不足对基层防疫工作产生负效应：一是无法吸引并留住优秀专业人才，影

---

① 江苏省统计局 2010 年公布的《扬州市 2008 年国民经济和社会发展统计公报》显示，2008 年扬州市在岗职工平均工资 27 314 元。江苏省统计局 2010 年公布的《江苏省 2009 年国民经济和社会发展统计公报》显示，2009 年全年江苏省城镇居民人均可支配收入达 20 552 元。相对两组统计数据，看出乡镇站人员经费财政补助标准较低

响基层兽医队伍的稳定性；二是难以调动基层兽医人员的工作积极性，强制免疫注射等公益性工作的时间与质量受到影响；三是在基本工资难以保障情况下，乡镇站只能通过兽医诊疗服务、收取检疫费甚至推销兽药等方式弥补经费的不足，甚至有少数乡镇站通过变相收费等违规方式创收，既无法保障基层动物防控工作正常进行，又有损农户利益。

表 7 – 2　2010 年乡镇站人员经费保障情况

乡　镇	人员经费					主要问题
	按编制核定标准			人员经费保障项目		
	县财政	乡财政	实际标准	基本工资	各类保险	
A　镇	人均 2.8 万元/年	人均 1 万元/年	人均 1.9 万元/年	人均 1.37 万元/年	人均 0.53 万元/年	①标准低，与其他单位差距较大 ②社保、医保单位缴纳部分未纳入财政预算
B　镇	人均 2.5 万元/年	—	—	人均 1.8 万元/年	人均 0.7 万元/年	社保、医保单位缴纳部分未纳入财政预算
C　镇	人均 1 万元/年			人均 0.72 万元/年	人均 0.28 万元/年	①标准低，全县编制内 60% 人员的人均工资 400 元/月 ②包袱重，无编制退休人员的养老金人均 750 元/月，由乡站负担 ③社保、医保单位缴纳部分未纳入预算
D　乡	—	乡事业单位人员档案工资标准×0.8	—	乡事业单位人员档案工资标准×0.8	纳入乡财预算	①财政没有人员经费补助 ②乡镇人员经费标准未达到与其他事业单位等同，仍偏低

注：A 镇拟从 2010 年起将在编人员经费调整为人均 4.2 万元/年，但截至调研时（2010 年 3 月）尚未兑现

专栏 7 – 1　新疆某乡镇兽医站经费需求测算

目前乡镇畜牧兽医站，如根据畜禽最高饲养量测算工作量，一年不同大小的乡镇站日常运转经费和工作业务经费为 6~8 万元。如一个覆盖 570 平方千米，1.8 万余人口，牲畜 9.3 万余头（只）范围的乡镇畜牧兽医站每年最少需要 6 万余元才能正常运转。这些费用主要用于：①公房用水、电、费 2 000 元；②取暖费 4 000 元；③车辆（汽

车1辆）燃油（汽）保险等费用15 000元；④国家职工4人自有摩托车和手机因公使用补贴12 000元；⑤站房及办公用具、绿化、卫生、宣传、公示制度的设施制作费用4 000元；⑥超距离走村串户动物防疫、饲料、兽医监督检疫费、差费补贴、技术培训费用15 000元；⑦疫苗、药品、冷藏设备更新、维护费3 000元；⑧疫病普查、监测4 000元；⑨会议和接待费用5 000元。以上各项费用合计6.4万元，是一个站一年最基本的经费支出，但这些经费并无可靠来源，只能靠站长个人能力争取资金，解决多少资金，就办理多少事情。

（三）基层动物防控机构事权财权严重失衡

2008年财政部、国家发展改革委《关于取消和停止征收100项行政事业性收费项目的通知》（财政部财综〔2008〕78号），其中第48项要求取消"畜禽及畜产品防疫费（不含检疫费）"的收费规定，使乡镇畜牧兽医站失去了一项主要经费收入来源，造成了原本已入不敷出的基层畜牧兽医站办站经费缺口更大。基层畜牧兽医站承担着免疫注射、疫情普查、畜牧技术推广培训、畜牧生产和疫情统计等大量公益性工作，任务繁多，责任重大，但工作经费却得不到相应的财政保障，如表7-3所示。

表7-3　乡镇站动物疫病防控工作经费情况

乡　镇	疫苗经费	工作经费	主要问题
A　镇	有预算	乡财政补助6万元/年	部分工作经费无明确规定和财政补助预算
B　镇	有预算	无预算，乡镇站自筹	工作经费没有明确的财政保障要求及标准
C　镇	有预算	县财政补助每个乡镇5 000元/年	①养殖户对强制免疫无积极性，对免疫效果的抽血检测还需补贴养殖户采血费：鸡10元/只，猪50元/头，每年该项支出近3 000元。因为多年无疫情，乡级政府并不重视防疫工作，经费投入不足 ②由于人员经费标准太低，基层动物防疫员防疫工作消极应付，应免未免，导致疫苗浪费率达50% ③应激反应及无公害补偿没有明确的财政补助标准 ④每个乡镇5 000元/年的标准过低
D　乡	有预算	乡财政补助每人5 000元/年	①由于人员经费标准太低，基层动物防疫员防疫工作消极应付，导致疫苗浪费率较高 ②每人5 000元/年的标准仅能保障机构的日常运转费，对于动物免疫及应激死亡补偿等专项工作没有明确的财政保障标准

通过表7-3的分析可以看出，虽然目前强制免疫疫苗经费全部由财政承担，但开展强制免疫工作所需工作经费、免疫所需器具费用、免疫应激死亡赔偿费用以及免疫效果采血检测所需经费等基本没有明确预算。从调研的4个乡镇看，A镇在改革后要求镇财政每年安排6万元工作经费，较为充足；C、D两镇分别由县、乡两级财政每年安排5 000元工作经费，在实际工作中也只是杯水车薪；而B镇基本没有明确的财政保障要求和标准。

（四）财政对乡镇畜牧兽医站基础设施建设投入仍偏少

从江苏省情况看，近年来，中央及地方各级财政加大了对动物防疫基础设施的投入力度，县级以上动物防控机构基础设施基本上得到更新改造。其设施条件基本能够满足动物疫病防控工作的需要，但乡镇畜牧兽医站实验室建设投入仍有相当的差距。通过对扬州市的调查了解到，本市所辖7个区县，共有5个县（市、区）的乡兽医实验室要求按中央、省、乡1∶1∶1配套的投入进行建设。但所调查的4个乡镇兽医站只有1个获得了支持。调查还发现，由于工作人员经费不足，基层专业人才缺失，检测、实验工作经费缺乏，导致动物疫病标本采集、检验检测、样本分析等工作无法开展，造成现有动物防疫基础设施及设备的闲置与浪费。

（五）村级动物防疫员补助标准偏低、覆盖面不宽

目前村级动物防疫员普遍面临工作压力大，待遇低等问题。一是工作强度逐年增加。需要进行强制免疫的动物疫病种类不断增加；疫苗的有效期有限，光靠春秋两季集中免疫，不解决问题，需要增加防疫密度；再加上新补栏动物需及时进行补免等，使得村动物防疫员的工作压力与强度不断增加。二是工作难度加大。养殖户法制观念淡薄，对动物防疫的重要性和疫病的危害性认识不够，对政府强制免疫有抵触情绪，防疫人员在走村串户实施免疫时，不得不苦口婆心说服养殖户，增加了工作难度。三是防疫员补助费偏少的问题突出。以扬州市的情况为例，如表7-4所示。

表7-4　村级动物防疫员配备及补助情况

乡镇	配备标准	补助标准	经费来源渠道					主要问题
			中央	省	县	乡	其他	
A镇	每行政村1人	无	—	—	—	—	乡站自筹	无明确文件规定和标准,未提供任何防疫员补贴经费
B镇	全镇共10人	每人4 800元/年	—	—	—	每人4 800元/年	—	扬州市下辖7个区县,仅3个区县村级动物防疫员补助由中央转移支付和地方配套共同保障。该镇未享受到中央财政转移支付补助
C镇	每行政村1人	每人3 700元/年	中央转移支付及省配套共计每人3 300元/年	每人400元/年	—	—		因补贴标准低于当年扬州市农民人均纯收入9 462元,难以聘请到防疫员,防疫员年龄老化、业务素质低、积极性不高等问题突出
D乡	全乡共5人,每人负责2~3个村	每人4 000元/年	中央转移支付及省配套共计每人3 300元/年	—	每人700元/年	—		因补贴标准低于当年扬州市农民人均纯收入9 462元,难以聘请到防疫员,防疫员年龄老化、业务素质低、积极性不高等问题突出

从扬州市的调查情况看,即使在江苏这样的经济发达省份,每名村级动物防疫员补助也不到5 000元/年,距扬州市乃至江苏省农民年人均纯收入差距较大。而部分中央财政没有安排村动物防疫员补贴的县(市、区),由于无明确的文件规定地方财政必须发放动物防疫员补贴,因此在实际工作中没有给予任何补贴。扬州市下辖7个区县,仅3个县(市、区)村级动物防疫员补助由中央转移支付和地方配套保障,在未列入中央转移支付保障的县,村级动物防疫员补助尚无定额标准。

（六）乡镇兽医站公益性与经营性服务分工不明显

由于财政支持存在较大缺口,乡镇畜牧兽医站普遍存在公益性与经营性不分的情况。从调研中了解到,为弥补人员经费与工作经费缺口,乡镇主要通过以下途径筹措所需经费，以保障日常工作运转：一是开展兽医诊疗服务；二是收取屠宰检疫费；三是销售疫苗及兽药；四是通过经营屠宰场和出售苗猪等获取收入。此外，还有少数乡镇畜牧兽医站通过变相收取免疫注射费等违规方式创收。公益性服务与经营性服务不分的根源在于基层畜牧兽医站人员经费与工作经费不足，其结果是使乡镇畜牧兽医站所承担的公益性工作受到冲击与影响，不利于基层动物疫病防控工作的顺利进行。

三、对财政支持乡镇兽医事业发展的几点建议

（一）做好乡镇兽医机构改革，确保基层兽医队伍稳定

在公益性和经营性相剥离的思路下，密切结合实际工作需要核定乡镇兽医机构人员编制，破除乡镇动物防疫工作的人员编制瓶颈，对编制内公益性工作人员实行财政全额供养。分流人员则充实到村动物防疫员队伍，通过经营性服务及政府补贴等获得收入来源，退休后享受原单位退休职工同等待遇。严格将按照社会功能将现有事业单位划分为承担行政职能、从事生产经营活动和从事公益服务3个类别。对承担行政职能的，逐步将其行政职能划为行政机构或转为行政机构；对从事生产经营活动的，逐步将其转为企业；对从事公益服务的，继续将其保留在事业单位序列，强化其公益属性。动物卫生监督所内设"两员"——动物检疫员和动物卫生监督员。逐步推行官方兽医，动物检疫员负责实施动物及动物产品的检疫，出具动物及动物产品检疫合格证明。动物检疫是一项以强制性、统一性为特点的技术行政措施，是法律赋予动物检疫员的神圣职责，属于执法行政行为。通过财政资金对人员经费的足额保障，彻底解决乡镇兽医机构人员"吃饭难"问题和后顾之忧，最终形成乡镇兽医机构不但能够留住人才，还能够吸引优秀的专业人才充实基层、服务基层、扎根基层的良好兽医队伍建设氛围。

（二）强化防疫经费保障机制，推动防疫工作持续发展

设立动物疫病防控专用基金账户，主要由中央财政、地方省、县级财政根据本地人口数量、养殖户数、畜禽养殖规模与数量、动物疫病防控工作不同环节的需要以及各类型疫病防控工作的需要，在每个财政年度按一定比例、拨入一定经费形成，实行"收支两条线"后，相应的动物检验检疫收

费等相关收入亦可作为该基金的补充来源。基金的使用范围包括强制免疫工作经费及器械费用、死亡动物无害化处理经费、动物应激死亡赔偿、免疫效果检测经费，以及疫情普查、畜牧疫病防控技术推广培训、畜牧生产和疫情统计、草原监理等公益性工作经费。基金的使用纳入财政预算管理和审计监督范畴，基金可以实行结余滚存。通过建立专用基金，筑好基层兽医公益性工作经费的"蓄水池"，促进基层动物防疫工作科学、可持续发展。

（三）建设基层精品实验室，引领基层基础设施建设方向

根据调研的情况看，实行中央、省、乡配套建设乡镇兽医实验室的各县，在每个乡均建成了兽医实验室，而实际工作中很多乡镇尚存在人员不够、经费不足的现象，致使多数实验室形同虚设、置若"哑炮"，造成了财物的损失浪费。在动物卫生防疫管理形势十分严峻的情况下，尤其要发挥中央财政在基层动物防疫基础设施投入中的引导作用，在坚持中央投入与地方配套相结合的基础上，集中财力建设一批基层精品兽医实验室，确保每个实验室在区域范围内发挥最大实效，引导基层动物防疫基础设施建设方向。

（四）参照当地农民平均收入标准，建立村级防疫员补助增长机制

调研中发现，在村级动物防疫员补助得到中央财政及地方配套资金补助的乡镇，动物免疫密度和免疫质量均不同程度高于防疫员补助得不到明确保障的乡镇。因此，以当地农民平均年均纯收入指标为参考，明确中央与地方的配套比例，稳步提升中央财政转移支付覆盖率，最终实现村级动物防疫员补助中央财政转移支付全覆盖，并建立村级动物防疫员补助标准合理增长机制，在当前动物卫生防疫形势下显得尤为必要。

第八章

近年来中央财政投入动物防疫主要项目效果分析

从理论上讲，动物疫病，从地球上消灭几乎是不可能的。无论是从科学理论上看，还是从生产实践上看，防控重大动物疫病都是人类与致病菌毒的持久战。动物防疫经费保障是解决"有钱防疫"的核心，保障动物疫病防控经费是建立防控动物重大动物疫病长效机制的核心机制之一。由于中央财政动物防疫专项资金投入所涉及的项目较多，本研究主要选取强制免疫补助、村级动物防疫员补助以及动物扑杀和无害化处理补助3项，对其投入情况与效果进行分析。

一、强制免疫补助和效果分析

（一）经费来源和总量

2005 年国务院通过《重大动物疫情应急条例》规定："国家对疫区、受威胁区内易感染的动物免费实施紧急免疫接种"，"紧急免疫接种和补偿所需费用，由中央财政和地方财政分担"。中央和地方财政投入强制免疫疫苗补助主要用于采购强制免疫疫苗，包括口蹄疫疫苗、禽流感疫苗、高致病性猪蓝耳病、猪瘟疫苗等。2004—2009 年，国家用于疫苗补贴的资金达到113.73 亿元，其中 2009 年中央财政用于强制免疫疫苗补助为 24 亿元。2010年，中央财政为北京市提供的疫苗补助为 879 万元，北京市财政配套投入4 930万元；中央财政为陕西省提供的疫苗补助为 7 000 万元，陕西省财政配套投入 1 338万元；中央财政为黑龙江省提供的疫苗补助为 5 943 万元，黑龙江省财政配套投入 4 932.9万元；中央财政为山东省的疫苗补助为 7 581 万元，山东省财政配套投入 25 238 万元。从中央和地方的比例分摊看，在西部地区，中央财政的投入比例要高一些；东部发达地区，地方财政投入比例要高一些。北京市在强制免疫疫苗采购和供应工作中，逐渐形成了"横纵两条线"的工作模式，横向是建立协调小组，完成免疫方案制定、招标、采购、验收、资金管理等工作；纵向是基于市、县、乡三级动物防疫体系，建立疫苗供应体系，保证冷链到底，确保疫苗质量。此外，北京市依托三级动物防疫体系的人力、物力和技术资源实施强制免疫工作，坚持规模场以程序化免疫为主，散养畜禽春秋集中免疫与月月补针相结合的做法，综合采取免疫提示、免疫档案、免疫标识等方法，保障免疫密度和质量，有效控制了区域性重大动物疫病的发生和流行。

专栏 8 – 1　江苏省 2010 年强制免疫补助情况

2010 年江苏省使用高致病性禽流感疫苗经费 9 311.2625 万元，其中：中央财政承担 1 862.2525 万元、省级财政承担 6 508.659 万元、市县财政承担 940.351 万元；共使用牲畜口蹄疫疫苗经费 6 789.32 万元，其中：中央财政承担 2 036.796 万元、省级财政承担 2 133.806 万元、市县财政承担 2 618.718 万元；共使用高致病性猪蓝耳病疫苗经费 7 815.014 万元，其中：中央财政承担 1 563.0028 万元、省级财政承担 3 244.6466 万元、市县财政承担 3 007.3646 万元；共使用猪瘟疫苗经费 2 072.1955 万元，其中：中央财政承担 414.4391 万元、省级财政承担 867.5979 万元、市县财政承担 790.1585 万元。

（二）落实效果

近年来，各地坚持常年按程序免疫和集中免疫并重的原则，推行以固定免疫日、服务公告栏为主要内容的动物防疫公开承诺服务制度，加强防疫员队伍建设，完善疫苗冷链体系，逐步实现免疫工作的"四化"，即免疫程序化、工作制度化、队伍专业化、行为规范化。一是确保密度。每年春秋两季，按照统一部署、统一时间、统一标准、统一验收的"四统一"标准，组织开展集中免疫大会战，确保应免畜禽的免疫密度达到100%。同时，加强对规模养殖场（区）的监督指导，严格按照科学的免疫程序进行免疫；对散养畜禽实行春秋集中免疫加"月月补针"的免疫制度，切实做到"应免尽免，不留空档"。二是分类指导。严格按照免疫政策和免疫程序规定，对不同地区、不同病种、不同疫苗以及不同畜禽品种进行分类指导，特别是对偏远地区农村散养的畜禽加大免疫力度，消除免疫死角。

1. 确保了动物疫情总体平稳

2006 年以来，全国没有发生大范围高致病性禽流感疫情；口蹄疫疫情相对稳定；近年来，猪蓝耳病暴发流行态势得到根本遏制；其他重大动物疫情明显减少，有力地保障了畜牧业持续健康发展、畜产品有效供给和公共卫生安全。尤其是强制免疫，经过几年的规范与要求，做到了"真苗、真打、真有效"。

通过强制免疫，常年免疫密度保持在 98% 以上，禽流感、口蹄疫、猪瘟的免疫密度基本达到 100%，猪蓝耳病的免疫密度达到 95% 以上，动物疫情总体平稳，特别是有效地防控了高致病性禽流感、新疆亚洲 I 型口蹄疫、四川猪链球菌病、长江流域高致病性猪蓝耳病、四川小反刍兽疫等。近几年基本没有发生区域性重大动物疫情，即使是在 2008 年南方低温雨雪冰冻灾害和四川汶川特大地震等特大自然灾害发生以后，也没有出现大的疫情。通过实施强制免疫，有效控制了重大动物疫病的发生和流行，减少了因发生重大动物疫病所采取的封锁、扑杀、补偿等方面的费用。

2. 保障了畜产品质量安全

开展强制免疫，有效控制了动物疫病发生，提高了养殖户收入，促进了现代畜牧业健康发展，保障了人民群众身体健康。河南省对免疫过的畜禽，规范建立免疫档案，加施二维码耳标，保证了免疫状况的快速、准确追溯。2009 年，全国动物屠宰检疫率达 90% 以上，全国兽药产品抽检合格率比上年提高 3.2 个百分点，兽药残留合格率达 99.5%，继续保持在较高水平。北京奥运会、新中国成立 60 年大庆、上海世博会、广州亚运会等重大活动期间，没有发生一起动物源性食品安全事件。通过保障重大活动的成功举办，我国在动物疫病防控和动物产品安全监管能力等方面得到了有效提升，动物产品质量安全水平大幅提高。

3. 改善了养殖环境

开展动物强制免疫，有效地控制动物疫病，净化了动物养殖环境，减少和避免了动物疫病对外界环境的污染。通过区域性、持久性的强制免疫，全面提升了生物安全整体水平，养殖环境逐步改善，生态效益不断显现。部分地区在养殖环境改善的基础上，逐步建设无规定动物疫病区。2009年，广州从化无规定马属动物疫病区、海南省无口蹄疫区先后通过国家验收。2010年5月，广州从化无规定马属动物疫病区通过了欧盟评估，成为我国第一个获得国际认可的无疫区。

（三）存在的问题

1. 疫苗供应不适当

一般来说，在运输、室内保存、使用疫苗过程中无冷藏设施或冷藏环境达不到2～8℃，可能影响疫苗质量，甚至无效。目前，省级兽医防疫站配有冷藏车，而市（区、县）都是用一般货车将疫苗运送到乡镇。在夏季高温天气运输，即使在车上配备冷藏箱或放上冰块，也难以确保疫苗质量。货车在乡镇公路上颠簸，易造成疫苗瓶震荡、疫苗破乳、瓶体破裂。乡镇兽医站一般配有1台冰箱或冰柜，停电时有发生，在疫苗较多时，不能确保所有疫苗低温保存，特别是高温季节，其保存的疫苗效价会大大降低，甚至完全失效。在春秋实施口蹄疫免疫注射时，有的村级防疫员往往一次性将疫苗领回，一般在3～5天才能完成防疫任务，在无冷藏设施的情况下，极有可能出现注射的疫苗效价低或几乎失效的情况。

2. 注射副反应补偿机制尚未建立

受环境因素、动物机体个体差异或疫苗质量不稳定等因素的影响，强制免疫会出现畜禽应激反应[①]，如果补偿不及时到位，会影响免疫工作。另外，由于核查认定难、补偿主体不明确、补偿标准偏低等问题，引起诸多纠纷，也给疫病防控工作留下隐患。2008年1月1日起实施的《中华人民共和国动物防疫法》第六十六条明确规定："因依法实施强制免疫造成动物应激死亡的，给予补偿。具体补偿标准和办法由国务院财政部门会

---

① 猪的负效应：生猪注射口蹄疫苗的负效应率达10%左右，其主要症状为减食、精神较差、体温升高达39.6～41.2℃，一般维持2天左右即恢复正常，个别严重的会死亡。牛的负效应：奶牛注射口蹄疫苗的负效应率达10%左右，耕牛的负效应率达1%，主要症状为停食或减食1～2天、精神沉郁、体温升高达39.7～40.5℃。奶牛注射疫苗后，3天内有减奶现象，怀孕奶牛个别因应激导致流产。山羊的负效应：山羊注射口蹄疫苗的负效应率达4%左右，主要症状为减食、精神较差，一般在1～2天恢复正常

同有关部门制定。"但财政部尚未制定出台包括强制免疫造成动物应激死亡的核查认定、补偿标准、补偿资金管理等补偿办法。由于没有明确的补偿办法和经费支持，在损失的承担方面，养殖户和动物防疫机构不能达成一致。一方面，防疫员要完成强制免疫疫苗的注射任务，努力去劝说养殖户打疫苗；另一方面，养殖户因为担心应激反应出现畜禽死亡，而不愿意接受注射。以口蹄疫疫苗注射为例，注射剂量要求：每头体重为 10～30 千克的猪每头注射 1 毫升，体重为 30～80 千克的猪每头注射 2 毫升，体重 80 千克以上的猪每头注射 3 毫升；每头犊牛注射 2 毫升，每头成年牛注射 3 毫升；每只四月龄羔羊注射 1 毫升，每只成年羊注射 2 毫升。部分兽医人员怕出现负反应，于是对全部牲畜均仅注射 1 毫升，使大部分牲畜的免疫剂量均未达到要求。

3. 疫苗注射监督机制不健全

在农村千家万户养畜禽的情况下，要确保动物免疫密度达 100%，工作难度相当大。据调查，乡镇在实施口蹄疫强制免疫时，不论是专业兽医还是村级防疫员，往往在未对家畜实施保定的情况下注射疫苗，打"飞针"的现象比较严重，难以保证疫苗足量注射到畜禽体内。在集中时间进行免疫时，由于部分农户未在家，其饲养的畜禽存在未免疫的情况。一些乡镇为了避免免疫负效应造成的经济损失而减少疫苗注射剂量，甚至对即将出栏的肉猪不注射疫苗或减少注射次数。疫苗免费后，部分养殖场（户）难免缺少精打细算、合理使用的意识，而基层兽医部门很难核实养殖场（户）合理的需求量，也会导致一定的浪费。

4. 疫苗招标采购的竞争机制不健全

江西省疫苗采购由省防治重大动物疫病指挥部办公室按政府采购程序负责采购，疫苗资金严格按照各地实际使用情况进行结算，经省农业主管部门、省财政厅业务处室、政府采购办审核后，由省财政国库集中支付中心将疫苗资金统一支付给有关厂家，确保资金使用安全且不浪费。在强制免疫疫苗招标采购中，常有疫苗生产企业为了提高市场占有率，用低于生产成本的价格投标，在获得生产权以后，尽可能压缩生产成本，所生产的疫苗质量和数量堪忧。例如，目前，A 型口蹄疫疫苗和缅甸 98 株口蹄疫疫苗在北京市只有 1 个厂家生产，疫苗生产能力无法满足动物防疫工作的需要，对北京市的疫苗供应就出现多次断货的情况。

5. 疫苗回收机制不健全

由于疫苗有财政补贴，有一部分养殖场（户）存在虚领疫苗现象，加上疫苗的包装都较大，一旦当期用不完，整个大瓶疫苗都将浪费，而这些多余的疫苗用不完也不上交，加上疫苗回收和销毁的经费缺乏，没有一个销毁多余疫苗的固定场所，使得多余疫苗流落在民间的现象较为普遍，造成安全隐患。

6. 部分群众认识不足

仍然有一部分养殖户，尤其是农村散养户，对强制免疫的必要性和重要性认识不足，加上村级防疫员没有执法资格，对拒不实行强制免疫的养殖户，只能苦口婆心说服，无法采取强制手段进行强制免疫，难以保证国家免疫密度达 100% 的要求，增加了重大动物疫病传播的风险。部分养殖场（户）缺乏科学防疫观念，没有完善的防疫制度，或虽有制度但形同虚设，防疫设施不完善，存在着畜禽养殖档案、免疫档案不记录或记录不规范等问题，给强制免疫带来了更大的难度。

7. 地方财政配套经费不足

目前，对于免疫疫苗、疫苗冷链建设、基层防疫补助等各个环节，虽然从中央到地方各级财政都在抓、都在管，但仍有相当一部分市县尚未将疫苗，免疫所需针头、针管、消毒剂、肾上腺素等易耗品，疫苗冷链设施设备运转等经费列入财政预算，往往现用现要、落实滞后、到位不足，各级财政"等、靠、要"思想普遍存在，没有地方主动拿钱防疫，严重影响免疫工作开展。另外，国家免疫计划一般于每年 2、3 月份才下达，而各省一般在每年 9 月份就开始编制下一年度预算，这不仅增加了地方财政再度预算难度，也影响了强免疫苗招标采购进度，难以保证免疫工作的连续性，降低了行政效率。另外，国家核定疫苗计划往往是根据上两年的畜禽饲养量进行，但是由于经过两年的变化，受市场行情、动物疫病等多种因素影响，饲养量往往变化幅度较大，计划准确度不高。

二、村级防疫员补助和效果分析

（一）经费总量和来源

根据 2008 年中央一号文件关于加强村级动物防疫员队伍建设的要求，

2008年4月农业部颁布了《关于加强村级动物防疫员队伍建设的意见》（农医发〔2008〕16号），村级防疫员队伍建设获得突破性进展。按照每个行政村配备1名村级防疫员，中央财政为每人每年补助1000元的标准，2008年，财政部将中央财政安排的6.5亿元基层动物防疫工作补助经费拨付有关省（市、区）和县，其中除北京、天津、上海和浙江以外的27个省（市、区）6.31亿元、大连和青岛两个计划单列市各300万元、新疆生产建设兵团700万元、黑龙江农垦500万元、海南农垦100万元。2009年，中央财政用于村级防疫员补助6亿元。2011年，村级防疫员补贴标准提高到每人1200元/年。据农业部农村经济研究中心的调查，绝大多数村级防疫员每年的补助都超过1000元，村级防疫员补助经费以地方政府投入为主，比例达到79.29%，其中省级财政为22.23%，县（市）财政为53.33%，乡镇财政为3.73%。2008年1月18日，北京市农业局会同市财政局联合下发了《关于建立本市村级动物防疫员队伍的意见》（京农发〔2008〕14号），明确北京市村级动物防疫员月人均工作补助最低标准为500元，列入经常性支出，纳入区县财政预算，专款专用。

专栏8-2　江苏省南京市村级防疫员队伍建设

江苏省南京市自从2005年启动村级动物防疫员队伍建设工作以来，经过几年的努力，全市村级防员队伍网络已初步建成。目前，全市11个区（县）75个涉农镇（街道）的600个行政村（社区、居委会），共配有村防疫员806人，总体达到每个行政村（社区、居委会）有1个村防疫员的标准要求。在村防疫员队伍建设方面，南京市采取了以下一些措施：一是认真落实村防疫员补助经费。采取3种方式：①固定补助，这种方式多数在主城区城乡结合部实施，这类地区村集体经济相对厚实，养殖量不大，动物防疫员队伍以在编职工为主；②基本报酬加注射补助，这种方式较为普遍，绝大多数区县采用这一方式，如：六合区雄州街道村防疫员每人每月基本补助为250元，注射补助按牛1元/头次、猪羊0.5元/头次、禽0.1元/只次发放补助；③基本工资加奖励方式，如雨花区根据年防疫基数，确定每年基本工

资，然后有条件地增减①。二是重视村防疫员福利保障。如南京市溧水县政府从 2007 年开始，为 94 名村防疫员购买由中国人民保险公司承保的"人身意外伤害保险"，如果发生意外伤害，村防疫员可按意外身故 6 万元和意外伤害医药费 2 万元的标准获得理赔。六合区雄州街道为 6 名村防疫员办理了养老保险，其中对 50 周岁以下的 4 名村防疫员按 1 380 元的基数办理了企业养老保险，为 50 岁以上的 2 名村级防疫员办理了农民社会养老保险。此外，还对每名村防疫员按每人每年 300 元的标准办理了人身意外伤害险。三是村防疫员管理逐步规范。2005 年南京市出台了《南京市村级动物防治员管理办法》，2006 年结合动物防疫形势和特点，对该办法做了进一步修订，并督促各区县制定适合本地区实际的《村级动物防疫员管理办法》。同年以南京市重大动物疫病防控指挥部办公室文件形式，出台了《南京市村级动物防疫员行为规范》。为落实办法、规范，近几年各级共培训村防疫员 50 余次，村防疫员近万人次参训。

（二）补助发放方式

各省（市、区）因地制宜，采用多种方式保障村级动物防疫员的补助经费。目前，各地对村防疫员的补助方式主要有固定补助、基本补助加奖励和切块发放 3 种形式。

1. 固定补助

固定补助是最普遍的一种补助方式，分为按月和按年补助两种。例如，北京市根据畜牧业养殖整体区域布局和畜禽养殖量的实际情况，以家畜存栏 200 头或家禽存栏 5 000 只以上的行政村设立 1 名村级动物防疫员，养殖量较小的村可以统筹考虑、联村设立 1 名村级动物防疫员为原则，科学配置村级动物防疫员的数量。在此基础上，按照辖区畜禽养殖量变化的实际，适时调整村级动物防疫员的数量和管辖区域，实现科学配置、动态管理。在固定工作量的情况下，设立固定的补助。截至 2010 年，重庆市的各区县，已配备有村级动物防疫员 7 323 人，占应配防疫员数的 73%。一些区县村级防疫

---

① 如抗体抽检合格率达 85% 的按照规定发放奖励工资，超过 85% 的每增加一个点增发一定的补助费，获省、市表彰的按比例奖励，没有完成或达不到防疫要求的按比例扣减

员待遇落实较好，如巫山县由财政每年补贴每个村防疫员 3 600 元，万盛区村防疫员实行村聘站用，每个村级防疫员每年由区乡财政给予 2 400～4 600元的补贴，高于当地村社干部。广西南宁市 2010 年村级动物防疫员每人补助约 400 元/月。山东省明确村级动物防疫员补助标准原则上每人每年不少于 1 000 元（青岛市每人每年 3 600 元）。

2. 基本补助加奖励

基本补助加奖励制度，打破了干多干少差异不大的弊病，多劳多得，用以鼓励防疫员完成任务。例如，2010 年黑龙江省农垦总局对农牧场动物防疫工作实行动态考核管理，由分局根据考核等级兑现农场补贴资金。根据《垦区基层动物防疫工作补助经费考核办法》，在基层动物防疫工作考核中，获优秀等级的农牧场，给予每名防疫员每年 1 760 元的补助；获良好等级的农牧场，给予每名防疫员每年 1 560 元的补助；获合格等级的农牧场，给予每名防疫员每年 1 360 元的补助；不合格的农牧场，取消此项补助。部分地区采取按量计酬的方式，年终奖金按防疫头数分配。根据防疫数量设定基础防疫头数，超过指定的防疫数量才能参与年终资金的分配。这些做法充分调动了防疫人员的积极性。

3. 切块发放

基层动物防疫工作补助经费有相当一部分采取切块下达方式，先下达基数的一部分，其余部分待防疫工作考核后，根据考核结果分配下达。例如，2008 年江西省财政厅按每村 1 名村级动物防疫员、每人 1 000 元为基数进行补贴，先下达基数的 70% 给各县（市、区），另外 30% 根据考核结果分配，年考核成绩 60 分及以上的县即可全额得到补助经费，并采取奖惩制度——全省考核成绩排名后十名且不及格的县，其所扣除的经费全部奖励给排名前十名的县。甘肃省玉门市 2009 年对年初参加集中培训并取得上岗证，经考核保质保量完成春季动物防疫工作的 60 名村级动物防疫员，采取补助经费直接发放到人的方式，每人先兑付了一半的防疫补助经费 500 元，另一半待秋季动物防疫工作结束后，经考核合格，再给予兑现。通过这种方式，稳定了该市村级动物防疫员队伍，充分调动了他们工作的积极性、主动性、责任感，从而保障了该市动物防疫工作高质量、高效率运行。

（三）落实效果

各地通过认真测算村级动物防疫工作的任务量和工作强度，把村级动物防疫工作所需的各项经费纳入财政预算，为基层动物防疫工作经费提供了有力保障，提高了村级动物防疫工作的装备水平和队伍素质。

1. 建立了一支相对稳定的村级防疫队伍

各地出台了村级防疫员队伍建设的管理办法和政府购买防疫服务的措施，加强了村级防疫员队伍建设，缓解了村级防疫员工作责任重、工作量大与补贴标准低的矛盾，充分调动了村级防疫员的工作积极性，稳定了一批基层防疫队伍。2010 年重庆市共有在编乡镇兽医 7 311 人，专兼职防疫人员 5 299 人，专职检疫员 3 362 人，村级防疫员 7 111 人。此外，各区（县）正大量引进畜牧兽医专业大学生充实到基层防疫队伍中。其中，开县、南川区、城口县分别引进 12 名、7 名、2 名硕士研究生到县级工作；开县引进 25 名本科生，大渡口区公招 2 人并招聘应届本科毕业生 9 人充实到了乡镇基层防疫和检疫工作岗位。

2. 提高了基层防疫队伍的整体素质和业务能力

项目实施以来，各地逐渐建立起了村级防疫员的动态管理机制，广泛采用了奖优罚劣的浮动补助经费发放机制，通过选用、考试、考核、培训等程序，不断调整和充实基层防疫员队伍。在稳定村级防疫员队伍的同时，有效提高防疫员队伍的整体素质和业务能力。

3. 保障了动物防疫工作顺利开展

村级防疫员是做好重大动物疫病免疫工作的基本力量，村级防疫员协助兽医部门完成畜牧兽医法律知识的宣传、实施强制免疫、加施动物防疫标识、建立动物饲养和免疫档案等，并协助做好动物卫生监督和动物疫病预防控制机构开展消毒、产地检疫、动物饲养场户监管、监测采样、疫情调查和疫情应急处置等工作，全面提高了散养动物强制性免疫工作质量，有效地防控了重大动物疫病的蔓延。2010 年浙江省免疫注射口蹄疫、禽流感、猪瘟和猪蓝耳病四种疫苗约 1.5 亿头（只）次，为有效防控重大动物疫情作出了重大的贡献。

4. 探索了村级防疫员管理办法

一是探索出台了相关的村级防疫员的管理办法。例如，南京市出台了《南京市村级动物防治员行为规范》，为落实办法、规范，近几年共培训村级防疫员 50 余次，参训人员近万人次。二是采取签订防疫目标责任状、实行绩效挂钩、统一防疫技术等措施，不断加大管理力度，提升服务质量和服务水平。三是积极探索村级防疫员的福利保障。有的地方为村级防疫员提供"人身意外伤害保险",费用全部由政府承担,如果村级动物防治员在防疫过程中遭遇意外伤害,最高可获得意外身故6万元和意外伤害医药费2万元的理赔。这些举措为解决村级防疫员在实施重大动物疫病强制免疫过程中发生意外情况的处理善后工作,提供了基本保障,为探索解决村级防疫员的相关问题提供了可借鉴的经验。

专栏8-3 河南省严格村级防疫员的管理

河南省严格按防疫员管理办法,进行防疫员考试选聘,对选聘的村级动物防疫员签订《协议书》,确定聘用关系。同时把好"考核关",对每名村防疫员都明确地规定了职责任务,细化到免疫密度、免疫合格率等具体指标。县级动物防疫部门,成立专门考核领导小组,每年春、秋集中免疫后和半年、年终都对防疫员工作进行现场量化考核,依据考核的结果兑现补助经费。有效地促进防疫工作质量提高,各地市禽流感、口蹄疫免疫率达到100%,免疫效果合格率达到80%以上。此外,每年各县市区畜牧局都对村级防疫员进行培训,促进了防疫员对理论知识的学习,使防疫员的业务能力得到了较大的提高。

(四)存在的问题

1. 防疫工作量大,区域性人员缺乏

随着畜禽养殖规模扩大,养殖数量的增加,免疫病种也在增加,这相应地加大了村级动物防疫员的工作量,区域性、季节性人员缺乏十分明显。每次集中免疫时间紧、任务重,有的村级防疫员在重点防疫季节每天连续工作12个小时以上。另外,再加上还需承担随时补针、开展畜禽统计、疫病普查、疫情报告、协助产地检疫、消毒以及其他工作任务,村级防疫员每个月只能有2~3天空闲时间。据调查,福建厦门与莆田等地区每年春、秋两季的集中免疫和长年补免的工作,每年约占用每位村级防疫员40~50个工作日才能全部完成。同时,村级防疫员还要兼顾填各种报表、畜禽档案、畜禽户卡,佩戴防疫标识等工作。尽管村级动物防疫员投入工作的时间很多,仍然难以在短时间内完成庞大的工作量。黑龙江撤乡并村后行政村规模均较大，农户散养畜禽现象十分普遍。加之边境线长达 3 038 千米，与俄罗斯有 5 个州区接壤，全省沿边境共有 35 个市、县对俄开放，共有 25 个国家级一类口岸，其中边境口岸 18 个。在当前国内外动物疫情十分严峻的形势下，防控境外疫情传入和防范内疫发生的工作任务非常艰巨。为保证各项防疫措施落实到位，黑龙江省大多数行政村都设两名或两名以上村级防疫员。基层动物防疫工作补助经费项目实施以后，黑龙江省虽有个别地方借助有利时机提高了村级防疫员工作补助标准，但大多数地方村级防疫员补助经费长效机制尚未建立，村防疫责任重、工作量大与工作报酬低的矛盾还没有从根本上得到解决。

2. 技术水平低，整体素质不高

重大动物疫病防控工作任务越来越重，对基层动物防疫人员的素质要求也越来越高。目前的村级防疫员文化层次低，部分村级防疫员是乡镇指派，其技术水平很低，不能适应新形势下动物防疫工作的需要，对紧急事件不能及时处理，造成防疫被动，影响了防疫工作的顺利开展。以贵州省贵阳市市村级动物防疫员为例，从专业结构看：全市 2010 年有 1 099 名村级动物防疫员，其中与兽医专业相关的人员有 587 人，其他专业 512 人；从年龄结构上看，50 岁以下的 830 人，50 岁以上的 269 人；从学历结构看，中专以上的 259 人，高中的 113 人，初中的 646 人，小学以下的 81 人。可见，村级防疫员年龄老化、素质偏低现象较为普遍。为了加强对动物疫病和防控情况进行追溯管理，农业部要求从 2009 年开始，对所有免疫项目都建立电子档案。用识读器进行扫描和登记，建立电子档案，要求村级防疫员掌握多项相关技能和知识，以适应新形势的需要。

3. 保障条件缺乏，防疫设施落后

村级防疫员的保障条件缺乏，防疫设备设施比较落后，需要直接支付的注射用耗材、疫苗运输、存贮等费用均很高。现在的行政村都是由原来的几个行政村合并而成，村级防疫员为了方便工作，一是自费购买摩托车、手机，每年费用都在 800～1 200元；二是免疫用的注射针管、注射针头、消毒药品，除少部分由地方财政所提供，大部分都需要自己出钱购买，村里不给报销，为了保证防疫质量与密度，只能由村级防疫员自己承担；三是为了减少免疫过程中的损失，每个村由防疫员自己出资平均200元左右购入一些急救药品，防止免疫后出现过敏反应，一旦出现过敏反应，用药后几乎能使畜禽100%脱险，但养殖户认为，防疫针是谁打的，出现后果就必须由谁负责，用药抢救是防疫员的责任，所以，这部分支出还得村防疫员自己承担；四是动物防疫员工作中使用的的器械，如小冰箱、保温桶等，基本上还依靠县级动物防疫站支出，相当一部分乡级防疫站无法支付这部分经费，只能在乡里集中使用，影响防疫员的正常工作，还有的地方要求村级防疫员自己购置冰柜或冰箱，甚至以此为村级防疫员上岗的前提条件。

4. 村级防疫员待遇较低，队伍难以稳定

村级防疫员队伍非常庞大，国家为村级防疫员设定的每人1 000元/年的补助标准太低，部分地区没有配套的财政补贴，严重影响了村级防疫员工作的积极性和主动性，造成防疫队伍不稳定，往往春防来、秋防走，今年来，明年走，想来则来、想走就走，并且春、秋季集中免疫时恰逢春播、秋种大忙季节，无人防疫现象时有发生。如浙江省2009年初村级防疫员有11 000名左右，由于补助太低等原因，到2011年初，村级防疫员减至7 300名左右。湖南省只有少部分较发达的地区在保证每年给村级防疫员发放1 000元/年的补助之外，再发放1 000元左右的工作补助经费，但大部分地区的村级防疫员仅能得到800～1 000元/年的补助。江苏省扬州市的村级防疫员在课题组组织的座谈中一致反映，为了完成各项工作任务，他们必须每天坚守岗位，免疫、普查、统计等工作量大且连续性强，他们不能外出打工赚钱，只能靠种地和补贴维持生活，长期这样下去，很可能在一段时间后就成了困难户。

5. 培训考核机制尚未建立，影响防疫队伍建设

目前，未能出台村级防疫员管理培训制度和考核验收制度，村级动物防疫员培训交流机制匮乏，缺乏科学考核验收手段，地方政府无法全面客观摸清动物防疫员工作开展情况，当然也不愿意拿出更多资金投入到村级防疫员队伍建设上来，致使部分村级防疫员干事不积极，政府也无法正确评估其工作实效，严重制约了村级防疫员队伍建设。

三、扑杀和无害化处理补贴和效果分析

（一）经费来源和总量

《中华人民共和国动物防疫法》规定，对发生疫情的地区要划定疫点、疫区和受威胁区，并采取相应的封锁、隔离、扑杀、消毒和无害化处理等措施，对疫点的患病畜禽及同群动物进行强制扑杀。为落实重大动物疫病扑杀补助资金，保证动物防疫工作顺利开展，财政部专门下发了《牲畜口蹄疫防治经费管理的若干规定》（财办农〔2001〕77号）和《高致病性禽流感经费管理的若干规定》（财办农〔2004〕5号）。各地区适时制定了相关实施细别，例如河南省及时制定了《河南省牲畜口蹄疫防治经费管理实施细则》（豫财农〔2001〕153号）和《河南省高致病性禽流感防治经费管理暂行办法》（豫财办农〔2007〕230号），对扑杀补助经费作了明确规定。在经费投入上，规定对于因口蹄疫、高致病性禽流感、高致病性猪蓝耳病、猪瘟等动物疫病扑杀的畜禽，财政按照标准给予80%的补助，其中中央财政承担50%，河南省级财政承担20%，市级财政承担10%，县级财政不承担扑杀补助经费。在补助程序上，每半年根据扑杀畜禽的数量，向中央财政申请经费，省、市财政按照中央财政拨付的经费金额安排本级财政配套，逐级下拨后，由当地县畜牧部门对受损失的养殖场户进行补助。扑杀补助政策的实施，对因疫情扑杀的畜禽给予一定的补助，为落实"早、快、严"的灭病原则发挥了重要的支撑作用。自2004年，我国相继爆发了高致病性禽流感、口蹄疫等疫情，为了阻止疫病的蔓延，在疫区进行了大面积的扑杀，国家提供的扑杀补助经费大幅上升。2004—2009年，中央财政用于扑杀补助的经费达6.08亿元。2010年，中央财政为四川省安排下达奶牛布氏杆菌病、结核病扑杀补助经费1 093万元，县级财政补助经费273.25万元；中央财政为陕西省提供扑杀补助225万元，省（市、县）财政投入75万，但2010年专门用于无害化处理的财政补助经费寥寥无几。2011年，中央财政对标准化规模养殖场和小区的病死猪无害化处理费用每头补助80元，将屠宰环节病害猪损失补贴由每头500元提高至800元，将因防疫需要而扑杀的生猪补助标准由每头

600 元提高至 800 元。

专栏 8 – 4　江苏省 2006—2011 年动物扑杀
无害化处理经费来源

2006 年江苏省下达口蹄疫扑杀补贴经费 24.1 万元，均为省级财政承担。

2007 年下达高致病性猪蓝耳病扑杀补贴经费 79.07 万元，其中：中央财政承担 47.76 万元，省级财政承担 31.31 万元。

2008 年下达奶牛两病扑杀补贴 429.18 万元，其中：中央财政承担 327.72 万元，省级财政承担 101.46 万元。

2009 年下达高致病性禽流感、牲畜口蹄疫扑杀经费 259.23 万元，其中：中央财政承担 92.3 万元，省级财政承担 166.93。

2010 年下达奶牛两病扑杀补贴 313.08 万元，其中：中央财政承担 238 万元，省级财政承担 75.08 万元。

2011 年下达奶牛两病扑杀补贴 51.09 万元，其中：中央财政承担 37 万元，省级财政承担 14.09 万元。

（二）补助对象和标准

1. 补助对象

扑杀经费的补助对象为严格按照国家有关规定经过免疫且在免疫有效期内因发病而扑杀的疫畜，或病原监测呈现阳性，且对畜牧生产和人民群众身体健康造成严重威胁的带毒畜禽。应当免疫而未免疫的、没有免疫标识或免疫标识不全的、没有及时上报疫情的、没有合法或有效检疫证明违法运输的、没有政府扑杀令的、违规使用违禁药物和添加剂的被扑杀或强制无害化处理的畜禽，财政不予补偿。

2. 补助标准

高致病性禽流感扑杀补偿经费，除中央财政负担部分外，省财政负担 1/3，其余由市、县（市、区）分别负担，具体扑杀补助标准为：鸡、鸭、鹅等禽类每只补助 10 元。牲畜口蹄疫扑杀补偿经费，散养户由中央和地方财政各承担 40%，饲养户承担 20%；规模饲养场（饲养或年出栏牲畜 1 000 头（只）以上，或饲养奶牛 50 头以上，或年出栏肉牛 100 头以上），由中央财政承担 30%，养殖单位承担 40%，其余 30% 由省、市、县三级按照 1：1：1 的比例承担。具体扑杀补助标准为：羊 300 元/只、猪 600 元/口、牛 1 500 元/头、奶牛 3 000 元/头。猪瘟、高致病性猪蓝耳病、布氏杆菌病等其他重大动物疫情，牲畜扑杀补助标准参照口蹄疫执行。

为有效控制牲畜布鲁氏菌病，黑龙江省 2004 年，制定下发了《黑龙江省牲畜布鲁氏菌病检疫净化实施方案》，2004—2006 年连续三年开展了牲畜布鲁氏菌病检疫净化工作，分区分批集中对全省牛、羊进行全面检疫，对布鲁氏菌病阳性牲畜全部扑杀，并做无害化处理。扑杀补贴标准为每头奶牛 1 万元，每头肉牛最高 1 500 元，每只羊最高 200 元，省级财政承担 60%，市县财政承担 20%，养殖户承担 20%。2007 年，黑龙江省继续进行了奶牛"两病"和牲畜布鲁氏菌病检疫净化工作，并出台了《黑龙江省奶牛布鲁氏菌病、结核病检疫净化补贴资金管理暂行办法》（黑财农〔2007〕65 号），规定每头阳性奶牛作价 6 000 元，并延续省财政承担 60%、市县财政和饲养户（场）各承担 20% 的补贴办法。从 2009 年开始，省财政将两病阳性奶牛作价调整为每头最高为 8 000 元，同时将布氏杆菌病阳性肉牛和羊扑杀纳入扑杀补贴范畴，作价标准为每头肉牛 1 500 元，每只羊 200 元。

（三）落实效果

1. 迅速控制烈性传染病

国家要求对发生重大动物疫病或人畜共患传染病实施强制扑杀，因强制扑杀传播染疫、疑似染疫动物和一定范围内的同群动物所造成的经济损失，由财政给予适当补助。通过项目的执行，产生了较好的社会效益。通过坚持"分类防治与分区实施相结合，技术措施与行政管理相结合和组织领导与群防群控相结合"的原则，采取以检疫净化为重点的防控手段，辅以规范饲养、消毒灭源、严格对牲畜等综合性防治措施，增强牲畜机体抵抗力，堵截控制外源传入，有效降低了畜群"两病"感染率，遏制了人群布氏杆菌病发病率急剧攀升的势头，为保障畜牧业持续健康发展，维护人民群众身体健康和公共卫生安全发挥了重要作用。2007 年，黑龙江省扑杀并无害化处理布鲁氏菌病奶牛 377 头、结核病奶牛 119 头，使用省级扑杀补贴资金 178.56

万元；2008 年，全省扑杀并无害化处理布氏杆菌病阳性奶牛 192 头、结核病阳性奶牛 170 头，使用省级扑杀补贴资金 130.32 万元；2009 年共扑杀并无害化处理"两病"阳性奶牛 1 432 头，布鲁氏菌病阳性肉牛 69 头、羊 3 688 只，共使用省财政扑杀补贴资金 731.7 万元，省级复核扑杀工作经费 91 万元；2010 年，全省共检出"两病"阳性奶牛 1 310 头，布氏杆菌病阳性肉牛 60 头、羊 3 528 只，使用省财政扑杀补贴资金 668.5 万元，省级复核扑杀工作经费 24 万元。

专栏 8-5　山东省滨州市开展动物扑杀和无害化处理案例

2009 年 6 月 1 日，接群众举报，山东省滨州市滨城区奶牛发生口蹄疫疫情，山东省畜牧兽医局高度重视，立即派出工作组和专家组，会同滨州市对疫情进行核查。经现场调查，发现该场已有 30 头奶牛出现临床症状，初步确定疑似口蹄疫疫情，后经省动物疫病预防与控制中心、国家口蹄疫参考实验室检测确诊为 A 型口蹄疫。山东省迅速启动应急预案，进行应急处置，对疫点涉及的 290 头病牛及其同群牛进行了扑杀和无害化处理，按照奶牛每头最高补助 5 000 元的标准进行了补偿，共计落实动物扑杀和无害化处理补助 140.51 万元。

---

2. 防止病死动物肉流向餐桌

各地建立集中或分散式的病死动物无害化处理点，提高了病死动物的无害化处理能力，在很大程度上遏制了随意丢弃病死动物情况的发生，防止病死动物肉流向餐桌。广东省东莞市对无免疫证明、无免疫标识的动物一律不出具检疫合格证明；对进入屠宰场的动物严格查验检疫合格证明，实时同步检疫；同时加强对动物及动物产品经营、运输、储藏等环节的监督检查，严厉查处乱丢死猪和瘦肉、贩运病死畜禽及其产品的违法行为。目前广东省东莞市每年平均无害化处理不合格生猪 1 500 头、家禽 12 万只、病变内脏 104 吨，共计折合约 400 吨，价值 400 万元以上。按每人每次吃 0.25 千克肉计，相当于避免了 160 多万人次进食不合格动物产品。

（四）存在的问题

1. 经营者法制意识薄弱

动物防疫工作不仅需要政府和有关部门的重视，而且需要广大生产经营者法制意识和公共卫生意识的提高。病死动物对动物疫病传播和公共卫生安全、食品安全的危害性尚未引起生产经营者的足够重视，部分生产经营者法制意识仍然比较淡薄，依法落实无害化处理的自觉性和主动性不强。一些养殖户为求方便随意丢弃病死动物，污染环境；有的甚至受利益驱动，将病死动物出售给不法商贩，为公共卫生安全埋下了隐患；有的西部山区农民居住分散，无害化处理监管面广，动物卫生监督机构开展无害化处理成本高。加上兽医部门缺乏必要的监督手段，致使部分地区病死动物无害化处理进程缓慢。

2. 经费补助严重不足

目前各地沿用的扑杀补贴标准还是 2001 年和 2004 年的价格标准，扑杀补偿标准太低。如猪的扑杀补助标准为 600 元/头，肉牛的扑杀补助标准为 1 500 元/头，奶牛的最高补助标准不超过 3 000 元/头，而市场上一头奶牛的价格在 1 万元左右，国家关于扑杀一头奶牛 3 000 元的补助标准，远远不足以弥补养殖户的经济损失。由于动物扑杀和无害化处理经费补助严重不足，导致大部分养殖户由于赔偿少而不支持工作，甚至产生抵触情绪，经常导致无法顺利开展扑杀工作。

3. 无害化处理成本较高

四川省渠县 2006—2010 年用于动物扑杀和无害化处理的资金每年约 35 万元，5 年共计 175 万元，动物扑杀和无害化处理经费全部来源于县级财政。大竹县 2006—2010 年因重大动物疫病强制免疫应激反应导致死亡和疑似疫情扑杀无害化处理费用达 273.7 万元，其中 2006 年支付禽流感疫情无害化处理费用达 200 多万元，无害化处理费用全部由县级财政承担。由于无害化处理成本高，地方财政困难，大部分地方没有兑现补偿政策，造成养殖户对无害化处理有抵触情绪，随意丢弃、甚至偷偷卖掉等行为时有发生，极易造成重大动物疫病的传播和扩散蔓延。

4. 无害化处理补助政策漏掉了部分环节

对病死畜禽进行无害化处理，是消灭疫源、防止疫情传播的重要举措，也是重要的法定防疫措施。死亡动物的规范处置是一项社会公益性事务，涉及财政投入、政府监管、公民道德意识等方面。目前，国家对生猪屠宰加工环节的病死动物无害化处理出台了补贴政策，而养殖环节病死动物的无害化处理国家没有补贴政策，导致无害化处理难以规范到位，极易造成重大动物疫病的传播和扩散，不仅对畜牧业生产造成威胁，而且对畜产品质量安全埋下隐患。在近年来出台的一系列政策中，包括财政部和农业部联合下发的《关于颁发〈牲畜口蹄疫防治经费管理的若干规定〉的通知》（财农办〔2001〕77号）和《关于农业生产救灾高致病性禽流感和牲畜口蹄疫扑杀补助资金申请有关事宜的通知》（财办农〔2004〕22号），以及2007年9月19日国务院常务会议关于将奶牛布氏杆菌病、结核病列入病畜扑杀补助范围的有关规定，其内容都未提及对生产、流通环节的死亡畜禽给予补助。

5. 无害化处理执行仍然困难

虽然在全国范围内已经建设了六大动物无害化处理中心，但其处理能力远远不能满足现有养殖量①的要求，大多数养殖场（户）主仍需自行开展无害化处理，但其从处理设备、方式、经费、技术保障上都难以达到规定要求，要求他们严格按照国家法规的相关要求进行无害化处理显得勉为其难，极有可能导致病害畜禽流向市场或被随意遗弃。山东省每年病死畜禽达2.16亿头（只），如果病死畜禽得不到及时处置，就会造成极大的危害。广西壮族自治区各县养殖散户尚未建设专门的无害化处理场所，也无专门的无害化处置设施，对病死动物只能采取掩埋的办法。尽管掩埋方式有规定的标准，但是大部分处理不能达到无害化处理的要求，如遇到暴雨，经过雨水的冲刷病死动物就可能会暴露出来，还有的肉食动物钻洞扒出动物尸体。不规范的无害化处理行为，极有可能造成动物疫病的大面积传播。

6. 补助经费到位慢

补助经费到位比较滞后，当发生疫情时，要在疫情处置完毕后逐级上报到中央，然后中央、自治区才逐级下拨，一般是每年下拨两次。所以，往往是扑杀工作结束半年到一年后农户才能得到补助，一般都要跨年度才能全部到位，影响了防疫工作的开展，给具体执行工作的防疫人员再次开展工作造成比较大的麻烦。

---

① 畜禽正常死亡率：禽兔约10%、猪5%、牛羊1%，如果出现大的疫情，死亡率将会更变

第九章
《全国动物防疫体系建设规划》
一期落实效果分析

建设和完善我国动物防疫体系，提高动物疫病的预防和控制能力，是实现我国养殖业持续稳定健康发展的前提条件，也是保障食品安全和公共卫生安全的必然要求。随着我国养殖业规模不断扩大，商品率不断提高，养殖密度和流通半径不断加大，境内外动物及其产品贸易活动日益频繁，重大动物疫病防控的压力不断增大。2004年预防控制高致病性禽流感的实践，暴露出我国动物防疫体系还存在不少突出问题，必须尽快加以健全和完善。依据《中华人民共和国动物防疫法》、《中华人民共和国进出境动植物检疫法》、《中华人民共和国野生动物保护法》、《兽药管理条例》、《重大动物疫情应急条例》等，国家发展和改革委员会会同农业部、财政部、国家质检总局和国家林业局等部门，编制了《全国动物防疫体系建设规划（2004—2008年)》（以下简称"一期规划"），侧重加强动物防疫基础设施建设。"一期规划"涵盖陆生和水生动物防疫，以及国内检疫和出入境检验检疫等基础设施建设，规划期为2004—2008年。

一、"一期规划"的任务和总体要求

（一）建设任务和要求

从纵向看，动物防疫体系由中央、省、地、县、乡、村六级构成。其中，中央与省级侧重重大疫情的监测预警、扑灭与控制计划的制订与组织实施、提供高端技术支撑等；地、县、乡级主要承担本区域范围内的动物防疫、检疫、监督和扑灭等任务；村级建立村级防疫员队伍，主要承担本村或近区域的动物免疫、防疫、数据统计等任务。通过建设，形成全国动物疫病预防与控制、动物及其产品的卫生安全和疫情追溯网络。从横向看，动物防疫体系由动物疫病监测预警、预防控制、防疫检疫监督、兽药质量监察和残留监控，以及防疫技术支撑和物资保障等 6 个子系统组成，这 6 个方面相互作用、环环相扣，构成动物防疫体系的整体。

"一期规划"的总体目标是建成与新型兽医管理体制和防疫队伍相适应的动物防疫体系。到 2008 年，通过中央、省、县、乡四级防疫基础设施项目建设，建立动物疫病监测预警、预防控制、防疫检疫监督、兽药质量监察与残留监控，以及防疫技术支撑和物资保障等系统，健全与国际接轨的出入境动物检疫体制，开展野生动物疫源疫病监测预警工作，基本形成上下贯通、横向协调、有效运转、保障有力的动物防疫体系，明显提高重大动物疫病的预防、控制和扑灭能力，对兽药质量监察和兽药残留的监控能力，对动物及其产品质量安全的跟踪追溯能力。2009—2010 年，对动物防疫体系进行巩固、完善、提高，形成对重大疫病全方位的预防控制能力，缩小与发达国家防疫水平的差距，有力保障动物产品质量安全和人民群众身体健康。到2015 年实现包括高致病性禽流感、口蹄疫在内的重大动物疫病全方位控制、区域性消灭。

（二）建设内容

"一期规划"的提出，规划期内共建设 1 个国家动物疫病预防控制中心，1 个国家动物疫病防控生物安全四级实验室，1 个国家兽医微生物中心，1 个国家兽药标准物质制备中心，4 个国家级兽药残留基准实验室，8 个国家级兽药安全评价实验室，3 个生物安全三级国家动物疫病参考实验室，1个动物防疫疫苗抗原储备库和 17 家口蹄疫、禽流感、猪瘟、新城疫等疫苗生产企业，31 个省级动物疫病预防控制中心，31 个省级动物卫生监督所，31 个省级兽药监察所，1 825 个县级动物防疫站，2 861 个县级动物卫生监督所和 1.87 万个乡镇兽医站。"一期规划"分两个阶段实施。

1. 第一阶段，2004—2005 年

（1）国家级项目。建设和完善国家动物疫病预防控制中心，国家兽医微生物中心，口蹄疫、禽流感国家参考实验室，3 个国家级兽药残留基准实验室，2 个国家级兽药安全评价实验室，完成 17 个兽用生物制品生产企业的 GMP① 改造。

（2）省级项目。完善和建设 8 个省级动物疫病预防控制中心、完善 10 个省级动物卫生监督所、9 个省级兽药监察所。

（3）县级项目。建设尚未投资的 1 042 个县级动物防疫站，530 个县级动物卫生监督站。

2. 第二阶段，2006—2008 年

（1）国家级项目。建设和完善动物防疫疫苗抗原储备库、狂犬病诊断实验室各 1 个，6 个国家级兽药安全评价实验室，1 个国家兽药标准物资制备中心，1 个国家级兽药残留基准实验室。

（2）省级项目。完善和建设 23 个省级动物疫病预防与控制中心、21 个省级动物卫生监督所、22 个省级兽药监察所。

（3）县级项目。建设和完善 783 个县级动物防疫站（含动物疫情测报站和边境动物疫情监测站），建设 2 331个县级动物卫生监督站。

（4）乡镇兽医站。建设 1.87 万个乡镇兽医站。按照与基层兽医体制改革相结合的原则，优先安排改革到位的乡镇。

（三）资金筹措方案

中央直属项目原则上全部由中央投资解决；地方项目总体上按照东、中、西部地区确定不同的中央、地方投资比例，其中京、津、沪、苏、浙、粤六省（市）为 1∶9，辽、鲁、闽三省为 1∶1.5，中部地区按 1∶0.5，西部地区为 1∶0.15。

"一期规划"总投资 88.35 亿元②，中央投资 56.6 亿元，地方投资 31.75 亿元。涉及陆生动物防疫体系投资 77.01 亿元，其中中央投资 49.88 亿元，地方配套 27.12 亿元；水生动物防疫体系建设投资 6.19 亿元，其中中央投资 3.12 亿元，地方配套 3.07 亿元。实际下达投资 82.55 亿元，其中陆生动物防疫体系 79.18 亿元，水生动物防疫体系 3.37 亿元。

按项目类别划分，动物疫病预防与控制中心项目建设投资 8.1 亿元，占

① GMP 是指由省食品药品监督管理局组织 GMP 评审专家对企业人员、培训、厂房设施、生产环境、卫生状况、物料管理、生产管理、质量管理、销售管理等企业涉及的所有环节进行检查，评定是否达到规范要求的过程；

② 由于研究单位获得数据的局限性，本章的相关数据仅供参考，实际数据以农业部兽医局公布的为准

总投资的 9.17%；县级动物防疫设施建设 24.34 亿元，占总投资的 27.55%；检疫监督设施建设 16.15 亿元，占总投资的 18.28%；乡镇兽医站设施建设 18.81 亿元，占总投资的 21.29%；兽药质量及残留监控设施建设 5.78 亿元，占总投资的 6.54%；动物疫病诊断与技术支撑项目建设 7.16 亿元，占总投资的 8.11%；兽用生物制品生产企业 GMP 改造项目 8 亿元，占总投资的 9.06%。其中，农业系统动物防疫基础设施建设投资 84.75 亿元，占总投资的 96%。

二、"一期规划"到位资金和流向

"一期规划"实际下达投资 82.55 亿元，其中陆生动物防疫体系 79.18 亿元，陆生动物防疫体系建设情况如下。

①国家级技术支撑项目规划投资 18.45 亿元，实际下达 15.77 亿元，建设了国家动物疫病预防控制中心、国家兽医微生物中心、国家动物疫病防控生物安全四级实验室、国家口蹄疫参考实验室、4 个兽药残留基准实验室、8 个兽药安全评价实验室、1 个动物防疫疫苗抗原储备库、1 个狂犬病及野生动物与人畜共患病诊断实验室，改造了 18 个兽用生物制品生产企业。

②省级动物疫病预防控制中心项目规划投资 6.18 亿元，实际下达 6.91 亿元，建设了河北、山西、内蒙古自治区（以下称内蒙古）、辽宁、吉林、黑龙江、上海、浙江、安徽、江西、山东、河南、湖北、湖南、广东、广西、海南、重庆、四川、贵州、西藏、甘肃、青海、宁夏回族自治区（以下称宁夏）、新疆等省（自治区、直辖市）的 25 个省级动物疫病预防控制中心。

③省级动物卫生监督所项目规划投资 0.37 亿元，实际下达 0.28 亿元，建设了河北、山西、内蒙古、辽宁、吉林、黑龙江、安徽、福建、江西、山东、河南、湖北、湖南、广西、海南、重庆、四川、贵州、云南、西藏、陕西、甘肃、青海、宁夏、新疆等省（自治区、直辖市）的 25 个省级动物卫生监督所。

④省级兽药监察所项目规划投资 3.10 亿元，实际下达 2.42 亿元，建设了河北、山西、内蒙古、辽宁、吉林、黑龙江、上海、江苏、安徽、福建、江西、山东、河南、湖北、湖南、广西、海南、重庆、四川、贵州、云南、西藏、陕西、甘肃、青海、宁夏、新疆等省（自治区、直辖市）的 27 个省级兽药监察所。

⑤县级动物防疫站项目规划投资 17.52 亿元，实际下达 13.79 亿元，建

设了 1 224 个县级防疫站。

⑥县级动物卫生监督所项目规划投资 12.59 亿元，实际下达 11.40 亿元，建设了 2 533 个县级动物卫生监督所。

⑦乡镇兽医站项目规划投资 18.80 亿元，实际下达 28.61 亿元，建成 27 365 个乡镇兽医站。

2009—2010 年，为应对全球金融危机，国务院作出"扩大内需，促进经济发展"的重大部署，进一步强化全国动物防疫体系建设，安排下达动物防疫体系建设资金 33.84 亿元，其中中央投资 26.8 亿元，地方配套 7.04 亿元。陆生动物防疫体系建设了 8 个省级动物疫病预防控制中心、1 个省级动物卫生监督所、1 个省级兽药监察所、30 个地市级动物防疫检疫站、8 个省际间动物卫生监督检查站、100 个边境防控巡检站、1 431 个县级防疫站（含 51 个灾后重建站和 101 个农垦防疫站）、11 520 个乡镇兽医站（含 1 487 个灾后重建站），完善 10 844 个生猪奶牛养殖大县乡镇兽医站。2004—2010 年动物防疫体系建设投资比例详见图 9－1。

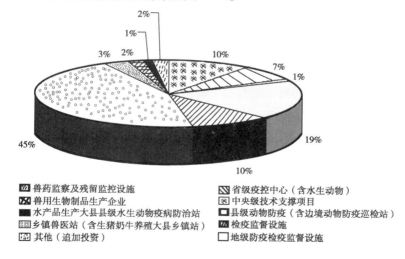

图 9－1　2004—2010 年动物防疫体系建设投资比例

三、项目建设情况

为深入了解有关省份落实动物防疫体系建设规划的情况，课题组商请有关省份畜牧兽医部门开展了研究，并提交了调研报告。本次调查中，有14个省（直辖市、自治区）提交了"动物防疫体系建设规划"落实情况的报告，分别是上海、四川、山东、浙江、湖南、重庆、广西、江苏、江西、山西、新疆、青海、黑龙江和辽宁。

（一）动物防疫体系建设规划建设顺利推进，个别项目有所变化

14个省（市、区）的"动物防疫体系建设规划"项目落实情况见表9-1。可以看出，上海市除了乡镇兽医站扩建项目正在建设外，其余项目全部到位；江西省规划建设1 694个，实际完成1 187个，项目完成率为70.07%，其中县动物防疫站完成83.33%，乡镇兽医站基础设施建设项目完成67.99%，其余项目全部到位；山东省完成全部2 249个建设项目；江苏省完成全部1 577个项目安排；广西壮族自治区完成全部1 337个项目建设；浙江省到位完成全部669个建设项目；陕西省完成全部1 580个建设项目；青海省完成全部500个项目安排；黑龙江省完成全部646个项目建设；新疆规划项目1 052个；湖南省规划安排项目2 485个；辽宁省规划安排项目951个。部分省份在实施过程中，一些项目根据变化进行了调整，如江苏省2007年有部分乡镇合并，经江苏省发改委同意，将413个乡镇站调整为383个进行建设；2009年同时实施县级动物防疫基础设施建设项目和续建项目，鉴于两项目内容相似，遂将两项目一起实施。

表9-1　调研省份动物防疫体系建设规划项目落实情况　　　　单位：个

省 份		广 西		新 疆		浙 江		湖 南		陕 西		青 海		黑龙江		辽 宁	
项目名称		规划数	已安排	规划数	已安排	规划数	已安排	规划数	已安排	规划数	已安排	规划数	已安排	规划数	已安排	规划数	已安排
省级建设	省、自治区动物疫病预防与控制中心	1	1	1	1	—	—	1	1	1	1	1	1	1	1	1	1
	省、自治区动物卫生监督所	1	1	1	1	—	—	1	1	1	1	1	1	—	—	1	1
	省、自治区兽药监察所实验室	1	1	1	1	1	1	—	—	1	1	1	1	1	1	—	—
	省级动植物联合检疫检查站基础设施建设项目	—	—	1	1	—	—	—	—	—	—	—	—	—	—	—	—
	省际公路检查站	—	—	—	—	—	—	—	—	—	—	3	3	—	—	—	—

续表

省份 项目名称	广西		新疆		浙江		湖南		陕西		青海		黑龙江		辽宁	
	规划数	已安排	规划数	已安排	规划数	已安排	规划数	已安排	规划数	已安排	规划数	已安排	规划数	已安排	规划数	已安排
地市级建设 地市级动物防疫检疫监督基础设施建设项目	—	—	2	※	—	—	—	—	—	—	—	—	—	—	—	—
州级动物防疫检疫监督基础设施建设项目	—	—	—	—	—	—	—	—	—	—	3	3	—	—	—	—
县级建设 县级动物防疫站	—	—	45	45	—	—	55	※	—	—	42	42	—	—	—	—
基层动物防疫基础设施续建项目	—	—	—	—	—	—	14	※	104	104	—	—	32	32	—	—
县级边境动物疫情监测站	9	9	32	※	—	—	—	—	—	—	—	—	13	13	—	—
县级动物疫情测报站	11	11	16	※	—	—	—	—	—	—	8	8	7	7	—	—
县级疫控中心	73	73	—	—	—	—	—	—	—	—	—	—	—	—	69	※
县级动物检疫监督站	—	—	—	—	—	—	57	※	—	—	39	39	127	127	—	—
县级动物卫生监督所	89	89	100	※	87	87	65	※	107	107	—	—	—	—	78	※
乡镇兽医站	1 152	1 152	853	※	383	383	2 291	※	—	—	402	402	465	465	802	※
动物疫病监控中心实验室	—	—	—	—	80	80	—	—	—	—	—	—	—	—	—	—
省、市、县三级重大动物疫情预警与指挥中心	—	—	—	—	102	102	—	—	—	—	—	—	—	—	—	—
区域性病害动物卫生监督检查站	—	—	—	—	4	4	—	—	—	—	—	—	—	—	—	—
饲料兽药质量与动物源性食品安全检测实验室	—	—	—	—	11	11	—	—	—	—	—	—	—	—	—	—
动物生物制品研发基地	—	—	—	—	1	1	—	—	—	—	—	—	—	—	—	—
动物防疫及动物源性食品安全技术研究基地	—	—	—	—	1	1	—	—	—	—	—	—	—	—	—	—
总计	1 337	1 337	1 052	※	669	669	2 485	※	1 580	1 580	500	500	646	646	951	※

注：表中各省统计年份有所不一致，如无特别说明均是以 2006 年以来数据，江苏省是从 2004—2010 年，湖南省是从 2004 年—2008 年，甘肃省是从 2005—2010 年，黑龙江省是从 2004—2009 年数据。广西数据资金配套数据有误差。表 9-1、表 9-2 各省统计时间相同。表中："※"代表数据不详，"—"代表实际未发生

（二）动物防疫体系建设规划项目资金绝大部分到位

14个省份中的"动物防疫体系建设规划"资金落实情况见表9-2、表9-3，11个省份（浙江、湖南、四川数据不详）总投资实际平均到位率为93.89%，其中江西省总投资到位率最低，为79.04%，其次是辽宁省总投资到位率为86.65%，山东省总投资到位率为88.31%。黑龙江省和新疆维吾尔自治区总投资有所增加，因而到位率分别为101.92%和102.6%。中央投资和地方配套投资有详细数据的8个省份（江西、重庆、陕西数据不全）中，中央投资到位率平均为99.60%[①]。

（三）地方政府积极配合，加快动物防疫体系建设

地方配套投资平均到位率为90.67%，其中青海省地方配套到位率最低为61.17%，其次为辽宁省到位率为76.75%，山东省为79.53%，其余省（自治区）投资到位率都在90%以上，黑龙江省和新疆维吾尔自治区为106.01%和115.5%。以新疆为例，截至2010年年底，国家下达动物防疫体系基础设施建设资金25 850万元，资金到位率100%。地方配套资金到位5 881万元，资金的到位率115.5%，其中，省级项目配套424万元，配套率75.8%；地级项目配套60万元，配套率100%；县级项目配套1 271万元，配套率为72.8%；乡镇兽医站项目配套5 881万元，配套率为151.5%。自2006年起，新疆自治区财政每年投资2 000万元。截至2009年年底，自治区共投入8 000万元，用于乡镇畜牧兽医站项目建设补助、国有牧场兽医站建设、公路动物防疫监督检查站建设和人员培训等。广西"一期规划"项目总投资应拨付资金142 032.6万元，其中，中央预算内专项资金67 782.79万元、省级财政34 424.85万元、市级财政4 659.83万元、县财政配套11 872.3万元；实际到位资金136 293.5万元，其中，中央到位66 616.66万元（到位率98.3%）、省级财政到位33 920.4万元（到位率98.5%）、市级财政到位4 659.83万元（到位率100%）、县财政配套到位9 989.015万元（到位率84%）。

---

① 实际中央投资全部到位，误差是由于统计口径不一致造成

表 9 – 2　2006—2010 年被调研省份动物防疫体系建设分项目资金使用情况

项目名称	项目（个）		规划投资（万元）			实际到位投资（万元）		
	规划数	已安排	总投资	中央投资	地方配套	总投资	中央投资	地方配套
上海市 动物疫病预防控制中心建设项目	1	1	13 750	290	13 460	13 750	290	13 460
国家级兽药安全评价实验室（上海）建设项目	1	1	1 077	1 077	0	1 051	1 051	0
上海市兽药质量监察所建设项目	1	1	959	96	863	941.97	96	845.97
上海市乡镇兽医站扩建项目	—	—	590	295	295	295	295	0
上海市动物及动物产品留验场项目	1	1	3250			3 250		
小计	4	4	19 626	—	—	19 287.97	—	
山东省 省级兽药质量监察所	1	1	872	350	522	573		
省级动物卫生监督所	1	1	120	48	72	120	48	72
县级检疫监督建设项目	108	108	4 752	1 739.2	3 012.8	4 308	—	—
疫情测报站建设项目	9	9	687	275	412	605	—	—
县级动物防疫站建设项目	99	99	8 980	3 592	5 388	8 980	3 592	5 388
乡镇兽医站基础设施建设项目	1 518	1 518	11 745	4 171	7 574	9 094.1	—	—
生猪奶牛大县乡镇兽医站续建项目	513	513	2567	2565	2	2567	2565	2
小计	2 249	2 249	29 723	12 740.2	16 982.8	26 247.1	—	
江苏省 省级兽药质量监察实验室	1	1	670	70	600	455	70	385
乡镇畜牧兽医站	1 121	1 121	11 289	2 635	8 654	10 947	2 635	8 312
县（市、区）兽医卫生监督所（包括90个乡镇动物防疫监督站）	105	105	1 200	120	1 080	839.25	120	719.25
县级国家测报站	6	6	543	54	489	590.67	54	546.67
县动物疫病预防控制中心（畜牧兽医站）续建	51	51	3 060	765	2 295	3 060	765	2 295

续表

项目名称		项目（个）		规划投资（万元）			实际到位投资（万元）		
		规划数	已安排	总投资	中央投资	地方配套	总投资	中央投资	地方配套
江苏省	生猪奶牛大县乡镇畜牧兽医站续建	293	293	1 500	1 465	35	1 465	1 465	—
	小计	1 577	1 577	18 262	5 109	13 153	17 356.92	5 109	12 257.9
江西省	省动物疫病预防控制中心	1	1	3 040	2 025	1 015	1 893	—	—
	省兽药饲料监察所	1	1	850	567	283	4 16.67	—	—
	省动物卫生监督所	1	1	100	65	35	96.98	—	—
	县动物防疫站	54	45	3 156	2 105	1051	2 840.8	2 105	735.8
	县级动物检疫监督站	81	81	3 564	2 376	1188	3 564	2 376	1 188
	乡镇兽医站基础设施建设项目	1 556	1 058	16 962	11 709	5 253	13 060	11 709	1 240
	小计	1 694	1 187	27 672	18 847	8 825	21 871.45	—	—
重庆省	重庆市兽药质量监察所	—	—	1 018.72	810	120	898.72	810	0
	重庆市动物疫病预防与控制中心	—	—	1 062.05	900	130	1 062.05	900	130
	重庆市县级动物防疫基础设施续建项目	—	—	1 918	1 680	238	1 916	1 679	237
	市级检疫监督设施建设项目	—	—	120	104	16	120	104	16
	县级动物检疫监督设施建设项目	—	—	880	763	117	880	763	117
	重庆市乡镇兽医站	—	—	12 116	10 529	1 587	12 116	10 529	1 587
	重庆市动物疫病防控物资储备库建设项目	—	—	206	0	206	150	0	150
	重庆市重大动物疫病应急处置指挥中心建设项目	—	—	580.35	—	—	450	0	450
	重庆市动物疫病预防与控制中心续建项目	—	—	860	—	—	0	0	0
	基层检疫监督设施建设项目	—	—	1 600	1 390	210	1 600	1 390	210
	小计		—	20 361.12	—	—	19 192.77	16 175	2 897

注：部分省份的部分数据缺失，数据仅供参考

表9-3 2006年以来被调研省份动物防疫体系规划投资项目建设资金落实情况

项目名称	规划投资（万元）			实际到位投资（万元）			资金到位率（%）		
	总投资	中央投资	地方配套	总投资	中央投资	地方配套	总投资到位率	中央投资到位率	地方配套投资到位率
上海市	19 626	1 758	14 618	19 287.97	1 732	14 305.97	98.28	98.52	97.87
四川省	115 669	103 093	12 576	—	—	—	—	—	—
山东省	29 723	12 740.2	16 982.8	26 247.1	12 740.2	13 506.9	88.31	100.00	79.53
广西壮族自治区	142 032.6	67 782.79	50 956.98	136 293.5	66 616.66	48 569.25	95.96	98.28	95.31
新疆维吾尔自治区	30 940	25 850	5 090	31 731	25 850	5 881	102.60	100.00	115.50
江苏省	18 262	5 109	13 153	17 356.92	5 109	12 257.92	95.04	100.00	93.19
江西省	27 672	18 847	8 825	21 872.22	—	—	79.04	—	—
浙江省	—	—	—	35 000					
湖南省	43 443	29 707	13 736	—					
重庆市	20 361.12	—	—	19 323.12	16 175	2 897	94.90		
陕西省	33 242	—	—	30 818	26 814	4 004	92.71		
青海省	16 249	14 418	1 831	15 818	14 418	1 120	97.35	100.00	61.17
黑龙江省	27 096	18 426	8 670	27 617	18 426	9 191	101.92	100.00	106.01
辽宁省	15 301	6 514	8 787	13 258	6 514	6 744	86.65	100.00	76.75

注：部分省份的总投资并不等于中央投资与地方配套资金的和，原因是还有一些是企业或社会的投资

（四）动物防疫体系建设项目覆盖面较为广泛

各省项目实施内容与可行性研究报告和初步设计批复基本一致，资金基本按照项目建设要求用于业务用房建造改造、实验室建设改造、仪器设备购置、执法办案设备购置、冷链体系购置等方面。例如，黑龙江省的动物检疫监督建设项目覆盖率达97%，动物防疫基础设施建设项目覆盖率达68%；乡镇兽医站设施建设项目覆盖率为50%。广西的县级疫控中心建设面已达70%（累计建设76个），县级动物卫生监督所建设面已达82%，乡镇兽医站建设面已达100%。

专栏 9 – 1　重庆动物防疫体系建设项目资金流向分析

　　2006—2010 年，重庆市实施的动物防疫体系建设项目，到位的资金和流向如下所述。①重庆市兽药质量监察所建设项目。规划总投资 1 018.72 万元，其中建安工程投资 945.72 万元（含仪器设备购置 585.47 万元），工程建设其他费用 44 万元，预备费 29 万元。资金来源为中央预算内专项资金 810 万元，地方配套 120 万元，自筹 88.72 万元。该项目到位资金为 898.72 万元，主要使用为：新建、改造实验室面积 2 100 平方米，投资 370.64 万元；购置仪器设备 84 台（套），投资 401.86 万元。②重庆市动物疫病预防与控制中心项目。规划总投资 1 062.05 万元，其中建安工程投资 389.34 万元，仪器设备购置 584.1 万元，工程建设其他费用 57.68 万元，基本预备费 30.93 万元，资金来源为中央预算内专项资金 900 万元，地方配套 130 万元，自筹 32.05 万元。该项目到位资金为 1 062.05 万元，主要使用为：新建建筑面积 1 200 平方米，试验台 450 米，建筑安装工程 419.47 万元；仪器设备采购采购 65 台（套），购置费用 317.21 万元，工程建设其他费用 18.74 万元。③县级动物防疫基础设施续建项目。规划总投资 1 918 万元，其中建安工程 358.41 万元，仪器设备购置 1 475.6 万元，工程建设其他费用 83.99 万元，资金来源为中央投资 1 680 万元，市财政专项资金 238 万元。该项目实际到位资金为 1 916 万元，其中中央投资 1 679 万元，市级财政专项 237 万元。资金主要使用为：改造区县实验室投资 246.67 万元（尚有 12 个区县未完成实验室改造），购买 39 个区县实验室仪器设备投资 1 203.18 万元。④市级检疫监督设施建设项目。项目批复总投资 120 万元，其中中央资金 104 万元，地方配套资金 16 万元，资金全部到位，按照农业部批复和项目初步设计，该项目实际完成业务用房 502.3 平方米，购置仪器设备 81 台（套）。⑤县级动物检疫监督设施建设项目。规划总投资 880 万元，其中中央资金 763 万元，地方配套资金 117 万元，资金全部到位，实际改造业务用房3 785.4平方米,购置仪器设备1 160台(套)。⑥乡镇兽医站基础设施建设项目。规划总投资12 116万元,其中中央资金10 529万元、地方配套1 587万元,资金全部到位,截至2010年,项目完成土建工程118 532平方米,公开招标采购仪器设备17 782台套。⑦重庆市动物疫病防控物资储备库建设项目。规划总投资206万元,其中土建工程137万元(含冻库设施),专用冷藏运输车45万元,工程建设其他费用18万元,基本预备费6万元,资金来源:市预算内统筹基建资金包干补助150万元(主要用于土建工程),申请市财政专项资金和项目法人自筹56万元(主要用于专项冷藏运输车购置)。该项目到位资金为150万元,主要用于改建疫苗冷藏、冷冻设施,完成土建工程投资144.86万元,审计、代理费2.5万元。⑧重庆市重大动物疫情应急处置(动监110联动)指挥中心建设项目。一期工程建设共完成投资580.35万元,其中市财政2009年下达建设资金450万元。具体投资执行情况为:指挥中心硬件和场地改造投资285万元(包括区县使用的视频监控系统),视频会议系统投资142.35万元(指挥中心和41个区县共42个使用终端),软件开发投资123万元(指挥中心和41个区县共同使用),项目建设其他费用30万元(含可行性研究咨询、招投标、勘察设计、工程监理、项目管理等)。⑨基层检疫监督设施建设项目。规划总投资1 600万元,其中中央资金1 390万元,地方配套资金210万元,资金全部到位,实际采购设备3 780台(套)。

(五)动物防疫项目建设工程完成进度良好

总体来看,规划建设进度良好,例如广西在县级建设方面,建设了9个边境县疫情监测站和11个县动物疫情测报站,总投资977万元,平均每个站投资49万元,改扩建业务用房171平方米,配置仪器设备38台(套);建设73个县级疫控中心,总投资4 563万元,平均每个县投资62万元,改扩建业务用房227平方米,配置仪器设备23台(套);建设89个县级动物卫生监督所,总投资3 910万元,平均每个县投资44万元,改造业务用房208平方米,配置仪器设备225台(套)。经过2006—2008年、2008年新增投资、2009年扩大内需建设,全自治区共建设了1 152个乡镇兽医站(新建

701 个，改造 451 个），累计投资 22 054 万元，平均每个站投资 19 万元、改扩建业务用房 155 平方米、配置仪器设备 36 台（套）。

专栏 9 - 2　青海省动物防疫体系建设情况

2005 年以来，农业部先后下达 12 个青海省动物防疫体系建设项目，总投资 16 249 万元，其中中央投资 14 418 万元、地方配套 1 831 万元，项目计划完成改、新建项目 81 571 平方米，购置各类仪器设备 18 656 台（套、件）。其中：省级动物防疫体系建设项目包括省动物疫病预防控制中心建设、省兽药监察及残留检测设施建设和省动物防疫监督所建设，项目计划改、新建实验室及辅助用房 9 865 平方米，购置仪器设备 304 台（套、件）；县级动物防疫体系建设项目，计划改建、新建实验室 16 710 平方米，采购动物防疫监督仪器、采样车、防疫设备等 10 205 台（套、件）；乡镇级动物防疫体系建设项目，计划改、新建业务用房 54 996 平方米，购置仪器设备 8 147 台（套、件）。截至 2010 年，12 个项目建设进展顺利，累计完成土建 11 561 平方米、仪器设备 18 352 台套。

四川省渠县 2006 年动物防疫体系建设项目中央预算内专项资金共计 297 万元，集中对 30 个乡镇防疫监督分站进行建设，包括新建、改建业务用房及购置仪器设备、办公设备等；2008 年新增中央预算内投资 104 万元，涉及 12 个乡（镇）动物防疫监督分站；2009 年下达第三批扩大内需中央预算内资金 250 万元，规划新建 18 个乡镇站。三年动物防疫体系建设项目总的中央预算内投资 651 万元，规划对全县 60 个乡镇兽医站进行新建或改建，项目总资金 651 万元全部到位，全部用于乡镇站建设，60 个乡站的建设任务已于 2011 年底完工。项目建成后能极大地提升动物疫病防控能力，渠县重大动物疫病将得到有效控制，基本实现了全县清净无疫。

四川省大竹县从 2006 年开始共分 3 批次实施《全国动物防疫体系建设规划》，至 2010 年总投入 704 万元，其中中央投入 613 万元、地方配套 91 万元，地方配套资金占 12.92%，完全到位并超过了国家要求的比例。现已全面完成县、乡防疫体系建设任务，县级建立了兽医实验室和疫苗冷库，全县 50 个乡（镇）站平均办公用房达 120 平方米，均配备了冰箱（柜），村级配备冰盒。另外在建的有中央投资 250 万元的生猪奶牛大县乡（镇）站续建项目、投资 32 万元的乡（镇）站基础设施建设项目（其中中央投入 27.8 万元、地方配套资金 4.2 万元），两项目均在 2011 年完工。

（六）部分建设项目未能按计划实施

工程实施中，仍然有部分项目建设进度较慢。部分项目在实施时，由于政府换届人事变动、城市建设规划时用地征地、环境评估工作、配套资金没能及时到位以及其他不可控因素，影响了建设进度。因用地问题，"一期规划"拟建设的国家兽药标准物质制备中心、江苏省和福建省动物疫病预防控制中心一直未实施。因国家标准化管理委员会调整了生物安全实验室建设通用要求，为满足高级别生物安全实验室对密闭性和三废处理等设计标准，国家动物疫病预防控制中心、国家兽医微生物中心、国家动物疫病防控生物安全四级实验室和国家口蹄疫参考实验室等 4 个动物防疫重大项目建设内容作出调整，造成项目建设进度缓慢。部分项目建设地点变更、内容变动。由于省级动物疫病预防控制中心项目包括生物安全实验室建设，部分项目涉及高级别生物安全实验室建设，需通过国家环保局环境评估后，方能开工建设，环评未通过的项目单位，只能迁址，选择新建设地点。如上海市动物疫病预防控制中心建设，因涉及生物安全三级实验室的建设，既要考虑相关参与建设单位的问题，还要考虑项目用地选址和环评问题，致使项目在 2007 年后仍无实质性进展。

四、建设效果分析

（一）初步形成了保障有力的动物防疫网络

规划有效地指导了动物防疫体系项目建设，构建了重大动物疫病监测预警系统、动物疫病预防控制系统、动物防疫检疫监督系统、兽药质量监察和兽药残留监控系统、动物防疫技术支撑系统、动物防疫物资保障系统等 6 大系统，初步形成了从中央到省、县、乡的上下贯通、横向协调、有效运转、保障有力的动物防疫网络，为做好重大动物疫病防控和畜产品质量安全监管工作奠定了坚实的基础。"一期规划"的实施，使我国重大动物疫病防控能力显著增强，检疫监督执法水平明显提高，兽药行业监管力度不断增强，科技支撑体系逐步完善，社会公共服务能力显著提高。如山东省基本建立了省、市、县三级兽医行政管理、行政执法和技术支撑机构，县级动物卫生监督所派出了乡镇动物检疫分所，乡镇设立了乡镇畜牧兽医站，全省建立了一支拥有1 380名官方兽医、6 532名执业兽医、18 700名乡村兽医和78 035名村级防疫员的畜牧兽医队伍，初步建立健全了省、市、县、乡、村五级动物防疫队伍。2006—2010年动物防疫体系建设项目实施情况见表9-4。

表9-4 2006—2010年动物防疫体系建设项目实施情况

	项目名称	建设单位	建设内容	建设时间	批复投资（万元）	其中		实施情况		取得成效
						中央投资（万元）	地方配套（万元）	新建或改造工作场所（平方米）	采购仪器设备（台、套、件）	
省级	省级动物疫病预防控制中心建设项目	省动物疫病预防控制中心	新建生物安全二级实验室、采购仪器设备等	2006—2010年	3 040	2 025	1 015	4 730	167	改善和提高了省级动物防控能力
	省级兽药监察及残留检测建设项目	省兽药饲料监察所	土建和购置进口仪器设备	2007—2010年	850	567	287	124	3	提高了省级兽药饲料监察能力
	省级动物检疫监督设施建设项目	省动物卫生监督所	采购检疫监督执法设备、进行工作场所改造	2006—2007年	100	65	31.98	402	31	提高了动物、动物产品检疫工作水平和动物卫生监督执法能力
县级	县级动物检疫监督设施建设项目	37个县动物卫生监督所	采购检疫监督执法设备、进行工作场所改造	2007—2008年	1 628	1 085	—	7 400	5 895	提高了动物、动物产品检疫工作水平和动物卫生监督执法能力
	县级动物检疫监督设施建设项目	44个县动物卫生监督所	采购检疫监督执法设备、进行工作场所改造	2008—2009年	1 936	1 291	—	8 800	5 047	提高了动物、动物产品检疫工作水平和动物卫生监督执法能力
	县级动物防疫站建设项目	54个县动物防疫站	实验室改造、采购仪器设备	2009—2010年	3 156	2 105	1 051	12 685	1 351	改善县级实验室设施和条件，提高了动物疫病诊断能力
乡级	乡镇兽医站基础设施建设项目	1 556个乡镇站	新建和改建乡镇站办公用房	2006—2010年	16 962	11 709	—	150 000	35 000	改善乡镇站办公条件

注：部分项目的中央投资与地方配套资金之和与批复资金不符，有2个原因：一是如果有其他主体的投入，可能会出现批复资金超过中央与地方配套资金之和；二是如果地方财力较好，可能会多配套一些，出现中央与地方配套资金之和超过批复资金的情况

（二）促进了养殖环境的明显改善

通过"一期规划"的实施，动物疫病防控水平显著提高，养殖环境明显改善，动物无害化处理措施得到基本落实，减少了环境污染源。在兽医药品残留监控方面，各地按照兽药残留监控计划要求，不断扩大检测范围，加大抽检频率，扎实推进生鲜乳抗生素残留专项整治行动，积极开展安全用药宣传和指导，兽药残留危害得到有效控制。通过规范各类药物的使用，既减少了药物在动物产品中的残留，也减少了其向环境释放，对保护生态环境具有十分重要的意义。据不完全统计，2010 年全国兽医系统共出动执法人员 21 万余人次，整治重点区域近 2 800 多个，检查兽药生产经营和使用单位近 24 万家，查处违法案件 1 500 多起，兽药市场秩序得到明显好转。2010 年前三季度兽药抽检合格率同比提高 4.1 个百分点，实现连续 5 年提高。青海省基本解决了违禁添加剂和兽药残留超标以及激素类药物残留问题，屠宰动物检疫率 100％、上市肉品持证率 95％以上、染疫动物和动物产品无害化处理率达到 100％。上海市建设的动物及动物产品留验场基地最大批次留养容量为：猪 1 000 头、牛 50 头、家禽 4 000 羽，并配有 60 吨容量的冷冻、冷藏库（其中冷冻 30 吨、冷藏 30 吨），该项目具有资源化、生态化、减量化、无害化 4 个典型特征，通过人工设计生态工程，形成了生态保护与经济发展的良性互动。无规定动物疫病区示范区动物疫病控制能力明显增强，畜禽死亡率显著下降；畜牧业及相关产业快速发展。

（三）重大动物疫病防控能力显著增强

各级重大动物疫情应急预备队和应急物资储备建设不断加强，应急演练不断强化，对突发重大动物疫情的应急处置能力显著提高。重大动物疫情继续保持总体稳定，流行强度明显减弱，发病频率大幅降低。青海省每年完成 1.1 亿头（只）次的动物防疫任务及重大动物疫情处置，开展口蹄疫、禽流感、鸡新城疫、猪蓝耳病、猪伪狂犬病、奶牛结核病、牛羊布氏杆菌病等 17 种动物疫病监测 5 万头（份）。山东省 2007 年以来没有发生高致病性猪蓝耳病、猪瘟疫情，其他各种动物疫病也得到有效控制，畜禽发病率、死亡率明显下降，每个项目县平均降低畜禽死亡率约 1.5 个百分点。

（四）中央、省、县、乡级疫情监测和报告体系逐步健全

加强动物防疫体系基础设施建设，为在全国范围开展疫情监测创造了条

件，使预警信息能及时通报，及时扑灭疫情，及时消灭病原微生物，对保障公共卫生安全具有重要作用。随着监测预警能力明显提高，主动监测动物疫病的频次和数量逐年加大。湖南省年均产地检疫生猪 2 460 万头、牛羊 306 万头（只），屠宰检疫生猪 1 740.3 万头、牛羊 138.4 万头（只），检出病畜（禽）11.93 万头（只），上市交易肉品受检率达 98%，有力地保证了肉类产品的卫生质量安全。浙江省年监测动物疫病样品达 58 万份，比"十一五"前的年监测量增加了 3 倍。湖南全省年均完成口蹄疫、猪瘟、禽流感、新城疫、伪狂犬病、布氏杆菌病、结核病监测 32 000 份（次）。

（五）动物卫生监督执法水平显著提高

动物卫生监督执法条件明显改善，执法手段不断丰富，乡镇站基本上配备了交通工具、防疫冷藏设备、疫病诊断必要的仪器等，执法能力和执法水平不断提高，办案成效显著，有力地打击了危害动物和动物产品质量安全的各类违法违规行为。各地生猪、牛、羊、禽等动物产地检疫村级开展面逐年提高，检疫动物及动物产品数量不断增加，检疫检验能力显著增强。2004—2008 年，各地动物卫生监督机构共检疫动物 200 亿头（只），检疫动物产品 26 亿吨；检出不合格动物 8 000 万头（只）、不合格动物产品 7 万吨，全部按照有关规定进行了处理。重庆市动物卫生监督执法工作不断加强，产地检疫牲畜 6 000 多万头、禽类 72 000 多万羽，检出患病畜禽约 50 万头（羽），检出率为 0.064%；屠宰检疫牲畜约 3 800 万头、禽类约 26 000 万羽，检出患病畜禽约 16 万头（羽），检出率 0.054%，检出患病动物及产品全部进行了无害化处理。

（六）兽药生产和监管能力得到加强

一是兽药行业监管能力加强。构建了兽药评审、监督监管、残留检测、安全评价等机构和组织为主的技术支撑体系，审批管理不断规范，质量监管力度逐步加大。如上海国家级兽药安全评价实验室建设项目在兽药行业中率先拥有了专业实验室，可以开展兽药耐药性监测、评价和研究，兽药耐药性年监测能力可达到 500 菌株，监测范围覆盖上海市的养禽场、养猪场和奶牛场乃至周边部分地区。

二是兽药残留危害逐步得到控制。按照《全国兽药残留监控计划》，对兽药残留超标样品进行追踪追溯，对违反兽药安全管理规定的企业依法予以处罚。2007—2009 年，湖南省兽药监察所和质检中心在全省组织抽检生猪尿样 19 500 个，"瘦肉精"检出率为 0；检测鱼药残留样品 690 批次，合格率 99.7%。兽药产业持续发展，结构日趋合理，产业素质明显提升，兽药经营市场秩序明显改善，为重大动物疫病防控和保障动物及动物产品质量安全提供了有力保证。

（七）科技支撑体系进一步增强

一是兽医实验室网络体系初步形成。初步形成以禽流感、口蹄疫、疯牛病以及外来动物疫病国家参考实验室为主体，各级各类实验室为补充的分工明确、运转高效的支撑体系。能够及时跟踪重大动物疫病的变化情况，研究提出防控策略和技术措施。

二是科研不断取得新成果。兽用疫苗研制、疫病致病机理、疫病检测诊断、流行病学研究及综合防治技术等方面的研究取得重要进展。兽医科研成果获得国家级科技奖励 8 项，其中禽流感疫苗达到国际领先水平，荣获国家科技进步一等奖。

三是科技支撑作用明显增强。在禽流感、亚洲Ⅰ型口蹄疫和猪链球菌等重大动物疫病防控工作中，各项最新科技成果发挥了重要作用。2006 年夏秋季节，我国南方部分地区发生猪"高热病"疫情，2007 年 1 月，即确定了变异猪蓝耳病病毒是猪"高热病"主要病原，随后仅用不到 3 个月的时间就完成了高致病性猪蓝耳病灭活疫苗及配套诊断试剂的实验室研制工作。

（八）牲畜死亡率大大降低

据估算，通过有效控制严重影响畜牧业生产的动物疫病，每年可减少养殖业直接经济损失 170 亿元，减少间接损失 450 亿元，使农民人均增收 50 元左右。由于疫病的减少，每年可减少药物、饲料消耗及人力、物力的浪费，增加效益近亿元。江苏省全年出栏生猪 3 170 余万头，出栏家禽 77 060 余万只，项目实施后生猪及家禽死亡率分别由 6% 和 10% 下降到 1% 和 2%，仅此一项每年可使农民增收 6 000 万元，同时，还极大提高了畜产品的质量，使江苏省畜产品的竞争力进一步加强。动物疫病的大大减少，还减少了每年因此而导致的病畜及产品的扑杀、销毁等无害化处理费用，据估计此项每年可减少损失数百万元。2008 年与 2004 年相比，湖南省项目区内的生猪死亡率已由 2.95% 下降到 0.6%，家禽死亡率已由 15% 下降到 4.1%。每年可减少经济损失 10 多亿元。

由于病情得到有效控制，黑龙江省畜牧生产经济技术指标持续增长，2010 年全省实现畜牧业总产值 965.8 亿元，与上年相比增长 11%。山东省 2010 年全省畜牧业产值 1 774 亿元，占农业总产值的比重近 30%，主要畜产品产量全面增长，肉类总产量 705 万吨、禽蛋 385 万吨、奶类 272 万吨，分别比 2006 年增长了 9.7%、3.6%、37%。饲料、兽药生产较快发展，质量稳步提高。2010 年，山东省畜牧业产量占到全国的 1/10 以上，每年约有 1/3 以上的生猪和禽蛋、1/2 左右的禽肉调往省外或出口，畜禽及产品年出口创汇超过 13 亿美元，居全国首位，禽肉出口一直占全国出口总量的 50% 以上，畜牧业成为农民增收的重要来源。

（九）动物标识和疫病追溯体系建设进展顺利

动物标识和疫病追溯体系建设稳步推进，以动物耳标佩戴和养殖档案建立为基础，以电子识读器和计算机网络传输为手段，以中央数据库为核心的动物标识及疫病可追溯体系建设工作不断深入，软硬件装备水平不断提高，制度建设和工作机制逐步完善。重庆作为全国动物标识及疫病科追溯体系建设试点省市之一，开展了以畜禽二维码标识为基础，利用移动识读设备，通过无线网络传输数据，中央数据库储存数据，记录动物从出生到屠宰的饲养、防疫、检疫等管理和监督工作信息的追溯体系建设试点工作，并取得阶段性成效。

五、存在的主要问题

"一期规划"是在我国发生禽流感、高致病性猪蓝耳病、口蹄疫等重大动物疫情的背景下编制和实施的，重点强化了中央、省、县各级各类实验室建设及仪器设备配置等，建设投资占总投资的 86.82%，而动物卫生检疫、监督执法、兽药监察等体系建设相对滞后，投入相对不足，亟需进一步完善和提升，以适应当前和长远重大动物疫病防控工作的新形势、新特点，满足动物及动物产品质量安全监管的需求。

（一）部分市县资金配套困难

当前，兽医事业投入机制中，中央财政资金一般都需要省市县各级财政配套，以期发挥中央财政资金最大的带动作用。各地经济和社会发展不平衡，部分地区由于财政困难，配套资金不能及时足额到位，影响项目进展，项目无法按期实施。这种状况在广大西部地区表现得尤为明显，如青海省地方配套资金到位只有61.17%，远远低于全国平均90.67%的资金到位率。

（二）基层防疫体系建设资金与项目要求不匹配

由于近两年原材料价格、人工费等大幅度提高，国家相应的收费政策变化，以及生物安全实验室工程建设标准的提高，国家节能减排政策出台等因素的影响，使得部分项目建设成本提高，实施过程中存在超预算现象，资金缺口较大。2006—2008年，国家规定乡镇兽医站建设投资标准为：无房站每个投资13万元。在实际建设过程中，用于购置仪器设备大约7万元，用于地质勘察、建筑工程设计、相关基本建设费用约4万元，剩余的经费无法完成基础设施建设。例如，江西省每个乡镇站建设只有10万元的投入，难以完成项目建设目标，与实际建设要求相比，项目投入明显偏小。

2006年以来，四川达州渠县获得中央和省级财政投入动物防疫基础设施建设经费651万元，规划对全县60个乡镇兽医站进行新建或改建，要求项目站在建设完成后，业务用房达到120平方米以上，仪器设备基本配置完整。2008年每个站投资10万元，其中7万元用于土建工程，3万元用于仪器设备采购；2009年每个站投资16万元，其中13万用于建设业务用房，3万元用于仪器设备采购。2009年，上级要求各个乡镇建设不少于3个检疫申报点，全县需要建设180个点，按每个点需要投资10万多元计算，全县共需投资1 800万元，但是由于县级财政紧张，在实际操作中只能用旧站点改建或者租房等办法解决。

（三）动物防疫体系链条存在薄弱环节

"一期规划"主要对国家、省级、县级的动物疫病监测预警、预防控制、动物卫生监督、兽药监察和残留监控以及兽医科技支撑基础设施建设进行了重点投资建设，而对地市级和部分乡镇及村级动物防疫基础设施、省际间动物检疫设施等投资相对较少。

一是对地市一级兽医工作机构的建设项目少、投入少，在防疫工作中形成断档，影响防疫体系的完整性。市级动物疫病控制和动物卫生监督机构在改革之后分设，普遍存在缺乏必要的工作手段，难以适应重大动物疫病诊断和检疫监督工作的需要。接受调查的 12 个省份中，除上海市外，只有新疆维吾尔自治区有 2 个地市级动物防疫检疫监督基础设施建设项目，青海省有 3 个州级动物防疫检疫监督基础设施建设项目。四川省达州市级防疫基础设施明显落后于县级，达州市级财政仅于 2003 年投入了"动物防疫及冷链体系"项目经费 80 万元，此后一直没有经费投入，市级兽医实验室建设严重滞后，仪器设备老化、检测能力薄弱。

二是乡镇兽医站投资尚有缺口，部分乡镇兽医站仍得不到改造。由于缺乏资金投入，部分乡镇畜牧站配套设施落后。以四川渠县为例，平均每个乡镇兽医站只配备 1 辆摩托车，在渠县这样的丘陵地区，兽医工作非常辛苦。有许多地区的村级动物防疫基础设施几乎为零，调研小组在四川达州发现所有的行政村或社区均没有村级动物防疫室。村级防疫员无消毒锅、电热炉，更无小型冰箱，仅有 1 台冷藏箱，疫苗保管和使用存在严重的隐患，免疫质量难以保证。

三是部分省际间动物卫生监督检查站设施陈旧，网络建设、检查办公条件简陋。由于省际间动物卫生监督检查站建设是以地方投资为主，但由于地方财政困难，投资欠缺。新疆大部分地市级动物防疫检疫体系建设及 128 个国有牧场兽医站、30 个公路动物防疫监督检查站等项目均没有国家投入，依靠地方财政投入十分困难。

四是由于地理条件、人文等原因，我国边远少数民族地区的动物防疫体系虽然通过"一期规划"的实施有所改观，但普遍存在设施落后、技术水平低、建设成本高等问题，亟需加大投资，进一步健全完善我国整个动物防疫体系链条。

（四）重大动物疫病防控应急工作仍然薄弱

重大动物疫病防控应急工作仍然缺乏有效的项目支持和管理手段。青海省省级动物标识和疫病追溯数据中心尚未纳入中央投资计划，加之青海省地方财力不足，平台建设较难，省级应急反应指挥系统信息化程度不高，指挥和疫情处置手段相对落后，因而疫病可追溯体系建设滞后，省级应急指挥手段不强。由于应急工作经费没有像动物疫病防控工作经费那样列入各级财政预算，应急演练费用支出存在很大问题，制约了应急演练的常态化开展。从近几年开展应急演练的实际来看，新疆取得了实实在在的效果，但应急演练涉及部门多、准备时间长、组织成本高等问题十分突出。

（五）基层防疫运转经费不足，后续建设资金跟不上

当前，我国动物防疫体系中较为薄弱的县、乡、村级防疫体系缺乏专项经费支持，项目建成后，没有后续资金确保相关技术人员的培训及设备的运转维护，一些仪器设备无法有效运转，长期闲置，利用率低下，没有发挥应有的支撑作用。调研中发现，四川省大竹县的基础设施建设比较好，但是运转经费缺乏，有不少设备甚至没有开封。全县（包括乡镇），100 平方米的冻库，耗电 7 000 瓦，每个乡 2 台冰柜，冷链设施运转费一年就需要 30 万元左右。抗体测定成本为 10 元/份，如每年测定 1 万份，一年就需要十几万元资金投入，但是该项工作没有资金来源。此外，县兽医实验室的仪器设备先进，需要较高学历的专业人员来操作，但是由于相应的岗位工资待遇较低，聘用不到符合要求的专业人员。

第十章

部分发达国家支持兽医事业 发展的做法和启示

分析研究部分发达国家兽医事业管理体制模式及相应的财政支持政策体系，对完善我国兽医事业管理体制和确定财政支持兽医事业的路径及规模具有重要借鉴意义。

一、部分发达国家兽医事业管理体制运作模式高效

在国际社会对兽医事业共识不断加强，立法规范清晰的基础上，各发达国家相应对本国兽医管理体制进行改革，其最大的特点便是在实行垂直管理的官方兽医制度基础上，建立起高效的兽医事业管理体系。

（一）采取垂直管理的运作模式

1. 美国采取的联邦垂直管理和各州共管的官方兽医制度

美国联邦兽医机构与兽医官分 3 个层次：农业部动植物卫生检疫局（APHIS）是联邦兽医最高行政管理部门，APHIS 下设兽医处（Veterinary Services，简称 VS）负责全国重大动物疫病的扑灭和控制工作；在 APHIS-VS 的垂直领导下，联邦政府在全国分别设立北区、南区、中区、西区 4 个区域性兽医分支机构，分别管理分布在全国各地的 44 个地方兽医局；地方兽医局具体划片负责当地动物调运的审批、免疫接种的监督、动物登记和突发疫情的扑灭工作，受 APHIS-VS 垂直领导，不受州管辖。

美国各州设有州兽医管理机构，隶属州农业部门管理。在工作方面，地方兽医局和各州的兽医管理机构通过协议明晰各自的职责，共同负责具体的动物卫生工作，其框架如图 10 - 1 所示。

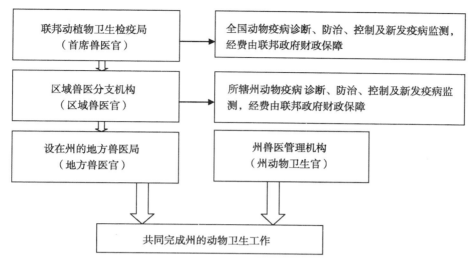

图 10 - 1　美国兽医管理体制结构

2. 澳大利亚采取的联邦、州垂直管理的官方兽医制度

首先，在联邦垂直管理体系下，澳大利亚农林渔业部下设国家首席兽医办公室（OCVO）和检验检疫局（AQIS）两个联邦兽医管理机构，OCVO 主要负责制定政策及参与重大动物疫病防控工作的协调；AQIS 及其在各州的垂直分支机构主要负责进出口检疫、质量认证以及国内所有屠宰加工的行政管理和检验检疫。

其次，在州垂直管理体系下，州兽医行政管理机构具体负责动物卫生立法、动物卫生标准制定、动物疫病的控制及兽医实验室管理等。每个州细分成若干兽医行政区，每个兽医行政区又包含若干动物卫生区和牧场保护区。[①] 相应层级官方兽医机构的人员及运行经费均由相应层级政府财政予以保障。澳大利亚兽医管理体制框架如图 10 - 2。

（二）官方兽医权责匹配严格

1. 美国官方兽医的权利和责任匹配

美国《联邦法典》第 161 章明确规定了官方兽医的行为规范和具体处罚措施，在法律层面，统一了官方兽医的权利和责任。兽医机构组织方面，

---

① Department of Agriculture, Fisheries and Ferestry of Australian. Review of Rural Veterinary Services Report［M］, 2003.

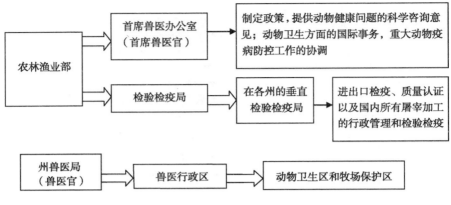

图 10 - 2　澳大利亚兽医管理体制结构

主要有《政府机构权力法》和《农业部重组法》这两部法律，在法律的授权下，农业部和卫生部分别针对动物卫生和兽医的行政管理制定了相应的行政规章。

2. 澳大利亚官方兽医的权利与义务明确

OCVO、AQIS及其在各州垂直分支机构的官方兽医拥有对动物饲养、屠宰加工、市场流通实施全过程实行监督检疫，以及在动物疫病暴发时直接上报联邦并向兽医实验室送检的权利，这些权利保证了其执法体系的完整性和连续性；州及地方的官方兽医则对动物疫病防控预案具有独立于地方政府的实施权和指挥及监督权。官方兽医权利体系的健全更利于兽医管理当局对各管理环节出现疏漏的相关责任人进行责任追究。

（三）具有完整的兽医事业法律法规及标准体系

以美国为例，美国的法律中，涉及动物卫生的联邦法律、行政规章数量如表 10 - 1 所示[①]。联邦政府在整合所有涉及动物检疫有关法律的基础上，于 2002 年 5 月颁布实施《联邦动物健康保护法》，该法是美国目前动物疫病防控方面最基本的法律，各州相应颁布州的《动物疫病法》；涉及动物源性食品安全的法律，主要有《肉检法》（针对红肉产品）、《家禽及其产品检验法》（针对白肉产品）、《蛋类产品检验法》（针对禽蛋及蛋制品）和《农产品分配与销售法》（针对部分进出口产品）等；涉及兽医药品和饲料方面

---

① 陈艳文. 英美法系国家动物卫生法律体系研究 [D]. 北京：中国农业大学，2006.

的法律，主要有《联邦食品、药品和化妆品法》和《病毒、血清、毒素、抗毒素及类似产品法》，其中前者主要针对食品（饲料）、药品和化妆品的管理，后者主要针对兽医生物制品的管理；涉及动物福利与保护方面的法律，主要有《二十八小时法》、《特定动物的运输、销售和处理法》、《马保护法》及《猪健康保护法》等；兽医管理方面的法律法规，主要由各州的《兽医执业法》组成。

表 10 - 1　美国联邦现行动物卫生法律、行政规章数量统计

法律形式＼法律覆盖内容	兽医机构组织	动物疫病防控	动物源性食品安全	兽药与饲料管理	动物福利	兽医管理	合　计
法律（部）	2	1	4	2	5	1	15
行政规章（部）	5	26	39	42	6	5	123

（四）建立了相对科学完整的动物疫病防控体系

1. 美国的动物疫病防控体系

依照美国联邦法典（CFR）的规定，APHIS 基本承担了全美动物疫病防控工作，其科学完整的国家动物疫病防控体系框架如图 10 - 3 所示。

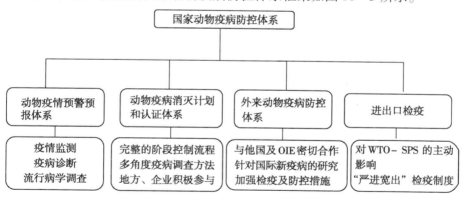

图 10 - 3　美国动物疫病防控体系

2. 澳大利亚通过"全国动物健康信息系统"和"动物健康澳大利亚"运行模式，构成完备的动物疫病防控体系

首先，澳大利亚动物疫病监测的系统化程度较高。澳大利亚从 20 世纪 60 年代起开始实施牲畜追踪体系，现在政府可以随时收集全国的动物健康

资料，并能够通过资料分析掌握全国动物疫情。对主要动物疫病，澳大利亚还实行了专门的疫情监测计划。

其次，动物疫病应急准备充足。为应对重大动物疫病的暴发，官方整合了联邦、州及地区政府、大型畜产企业和其他利益相关者等多方资源，成立了"动物健康澳大利亚（AHA）"这一非营利性公司。AHA 承担了政府与业界间"突发动物疫病应对计划（EADRP）"的运作。该计划通过实施参与合作、风险管理、调查应对、成本分享及应急培训等 5 方面建立了协调机制，共同有效实施突发动物疫病防控工作，此做法在世界尚属首创。①

（五）建立完善的国家兽医实验室技术支撑体系

1. 美国的国家兽医实验室体系

美国已形成国家、州、地方兽医实验室 3 层次体系。其现有实验室都由政府设立，实验室的研究人员及日常运行费用由相应政府财政保障。联邦政府设有国家级兽医实验室（National Veterinary Services Laboratories，简称 NVSL），从事国家重大疫病研究并直接参与国家动物疫病的扑灭和控制工作。各州依托相应大学机构设立州一级兽医实验室，从事一般性动物疫病研究、检测和检疫。地方兽医实验室则是在重大动物疫情发生时为 NVSL 提供协助性工作。

为应对国家重大疫病跟踪研究和监测，美国联邦政府 APHIS 还启动了援助计划 1878 号"国家动物健康实验室网络（The National Animal Health Laboratory Network，简称 NAHLN）项目"。NAHLN 整合了联邦机构、州政府及大学优秀兽医实验室资源，形成了一个完整的实验室网络体系，全国范围内提供便捷、及时、准确、一致的动物疾病实验室服务，并能满足编写动物流行病学和疾病报告所需的实验室数据。②

2. 澳大利亚的兽医实验室体系

首先，在实验室设立标准上，澳大利亚设立国家动物卫生委员会（AHC）专门就全国性动物卫生问题提供科学、统一的政策。AHC 成员包括联邦、州和地区的首席兽医官，官方兽医实验室代表，"动物健康澳大利

---

① 资料来源：http：//www. animalhealthaustralia. com. au/programs/eadp/EADRP. cfm

② 资料来源：http：//www. aphis. usda. gov/publications/animal＿ health/content/printable＿ version/9404－USDA＿ Animal＿ Lab10－2007. pdf

亚"和澳大利亚生物安全局。① AHC 下设兽医实验室标准分会，负责各兽医实验室技术标准的建立和实施。

其次，在实验室网络体系的构建上，联邦政府分别在吉朗和维多利亚设立国家兽医实验室（AAHL），AAHL 是应对国家突发动物疫病诊断和研究的高安全级别实验室。除了 AAHL，澳大利亚兽医实验室网络体系还由 6 个联邦和州的官方兽医实验室、5 个区域性的官方兽医实验室、1 个附加诊断和调查工作的私营兽医实验室、1 个负责官方兽医实验室运营的私营公司、1 个由 6 所兽医院校联合组成的兽医诊断实验室及 5 个州的多家私营兽医实验室共同构成。②

二、部分发达国家财政支持兽医事业的做法值得借鉴

（一）美国财政支持兽医事业的做法

1. 机构运行经费统一纳入联邦政府预算，支出比例稳定

2002—2008 年美国农业部（USDA）以及 APHIS 的财政支出情况如表 10 - 2 所示。由表 10 - 2 数据可知：2002—2008 年各财政年度，从总量上看，联邦政府对 APHIS 及其垂直机构的经费安排上有增长趋势，年平均增长率达 7.9%③，且预算资金支出占 USDA 预算资金支出的比例持续稳定，大约在 1.48%④。APHIS 的财政支持路径明确且支持规模呈现稳中有增趋势。

表 10 - 2　2002—2008 年各财年美国 USDA 以及 APHIS 的财政支出统计

项　目 年　度	USDA			APHIS	
	预算资金支出（＄M）	预算外资金支出（＄M）	总支出（＄M）	预算资金支出（＄M）	占 USDA 预算资金支出比例（％）
2002 年	69 421	1 793	71 214	771	1.11
2003 年	74 119	3 043	77 162	1 009	1.36
2004 年	72 328	3 591	75 919	985	1.36
2005 年	86 115	3 684	89 799	1 122	1.29

① 资料来源：http：//www.daff.gov.au/animal - plant - health/animal/committees/ahc
② 资料来源：http：//www.daff.gov.au/animal - plant - health/animal/system/lab - network
③ 采用加权平均法计算；
④ 采用算术平均法计算

项目 年度	USDA			APHIS	
	预算资金支出 （＄M）	预算外资金支出 （＄M）	总支出 （＄M）	预算资金支出 （＄M）	占 USDA 预算资 金支出比例（％）
2006 年	94 436	5 238	99 674	1 115	1.18
2007 年	84 894	5 056	89 950	1 115	1.31
2008 年	91 228	4 954	96 182	1 178	1.29

2. 设立检验检疫费用专用基金账户

农业检验检疫用户费用账户（专用基金账户）是联邦政府根据 1996 年颁布的联邦农业促进改革法案规定，授权 APHIS 在航空、海运、陆路等各出入境检验检疫渠道向被检验检疫者收取的相关费用，专门用于 APHIS 检验检疫相关支出。

2005—2008 年农业检查检疫用户费用账户情况如表 10 - 3 所示。[①] 由表10 - 3 可知：2005—2008 年期间，包括无偿拨款、各期项目成本等在内的出入境检验检疫费用支出没有大幅波动，而同时，出入境检验检疫费收入每年增长幅度均在 10% 以上，最终形成费用账户期末净结余每年快速增长的状态。净结余的快速增长对动物疫病防控的最有利影响就是将明显提升外来动物疫病防控及进出口检疫的经费保障水平，并有效抵抗外来动物疫病侵袭。2005—2008 各财年 APHS 检疫用户，账户的收支、成本及结余等变化情况如图 10 - 4 所示。

表 10 - 3　2005—2008 年各财年农业检验检疫用户费用情况　　　单位：＄M

年度 科目	2005 年	2006 年	2007 年	2008 年
用金库支付平衡	90	122	135	153
其他资产	13	10	5	148
总资产	103	132	140	301
其他负债	1	9	8	81

---

① Department of Agricultare of the United States of America. USDA Performance and Accountability Report［R］. 2005—2008. http：//www. ocfo. usda. gov/usdarpt/usdarpt. htm.

续表

年度 科目	2005 年	2006 年	2007 年	2008 年
总负债	1	9	8	81
无偿拨款	130	130	129	130
当期结余	−28	−7	3	90
负债及净结余	103	132	140	140
当期项目成本	129	162	176	199
当期收入	344	424	472	607
运营净成本	−215	−262	−296	−408
年初调整后期初余额	95	102	123	132
非交易性收入	−208	−240	−287	−320
本期净成本	215	262	296	408
结余变动	7	22	9	88
期末净结余	102	124	132	220

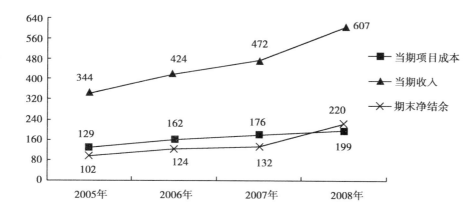

图 10 – 4 2005—2008 年各财年 APHIS 的检疫用户费用变化情况（单位：$ M）

3. 建立动物疫病扑杀补偿模式

例如，在 2002 年弗吉尼亚和得克萨斯州暴发禽流感后，在《联邦法典》中规定禽类疫病扑杀补偿政策：对加入国家养禽业促进计划（NPIP）饲养户的损失经确定后 100% 赔偿，对未加入 NPIP 的饲养户赔偿其确认损失的 75%。美国还充分利用发展较为成熟的农业保险体系，农户或养殖企业可以通过农业风险的补偿降低动物疫病防控带来的损失。

（二）澳大利亚财政支持兽医事业的做法

首先，明确了动物疫病防控经费的支出范围。根据 EADRP 规定，动物疫病防控经费的支出范围主要包括：人员薪金、防控过程运转费、疫病防控资金成本以及消灭疫病需要支付的补偿费用等 5 项①。

其次，通过"突发动物疫病应对计划"确立各相关利益者应承担的动物疫病防疫费用分摊方案，如表 10 - 4 所示。

表 10 - 4　澳大利亚 AHA 政府及企业动物疫病防疫费用分摊计划

疫病种类	政府基金负担	企业基金负担
1 类疫病	100%	0
2 类疫病	80%	20%
3 类疫病	50%	50%
4 类疫病	20%	80%

"突发动物疫病应对计划"包括以下 3 个关键要素。

一是建立科学的动物疫病分类体系。EADRP 将澳大利亚境内动物疫病分为四类，根据分类不同确定政府与企业相应的防疫费用分摊比例。其中，1 类疫病是指能带来严重的人畜共患或大范围公共卫生危机，但不会给牲畜生产企业带来直接冲击的疫病，如狂犬病等 5 种疫病；2 类疫病是指给牲畜生产企业带来潜在威胁且可能导致公共卫生危机的疫病，如禽流感等 16 种疫病；3 类疫病是指同时在几个地区暴发，给牲畜企业带来冲击但不会引发大范围公共卫生危机的疫病，如非洲马瘟等 20 种疫病；4 类疫病是指给牲畜生产企业带来巨大冲击进而可能影响国家动物产品及其市场的疫病，如奥耶斯基氏病等 27 种疫病。

二是明确防疫经费来源渠道。EADRP 规定，在疫病防控经费来源中，需由政府基金负担的，统一由联邦、州及地方政府财政资金保障；需由企业基金负担的，对加入协议计划的牲畜生产企业，按各企业年产值的 1% 提取

---

① 资料来源：Animal Health Australia. Responses [M], 2001. http://www. animalhealthaustralia. com. an

共同基金。

三是建立合理的防疫费用分摊体系。首先，政府间分摊权重的计算。根据 EADRP 规定，需由政府基金负担的疫病防控经费，联邦政府统一负担 50%。剩余 50% 由暴发疫病的各州按人口数量比例、牲畜数量比例、牲畜产业产值比例及疫病种类等指标设计权重计算公式并确定各州应负担金额，由州及其所辖地的政府各负担一半。以暴发牛、羊、猪共染疾病为例①，州的权重分摊方式如下所示：

$$f = \frac{d + e}{\sum_i (d + e)}$$

式中　f——i 州分摊权重；

　　d——i 州牛、羊、猪的数量占全国总量的比例，$d = \dfrac{a + b + c}{\text{全国总量}}$；

　　e——i 州畜业产值占全国的比重，$e = \dfrac{i \text{州畜业产值}}{\text{全国畜业产值}}$；

　　a——i 州牛的数量；

　　b——i 州羊的数量；

　　c——i 州猪的数量。

其次，企业间分摊权重的计算。根据 EADRP 规定，需由企业基金负担的疫病防控经费，应综合企业产值、按牲畜种类划分的企业类型、牲畜数量、疫病种类等因子设计权重计算公式，并确定各企业负担比例。

$$X_k = \frac{GVP_k}{GVP_\tau} \times W_k \times \frac{GVP_\tau}{\sum_k (GVP_k \times W_k)}$$

式中　X_k——企业 k 应负担的比例，%；

　　GVP_k——企业 k 的年产值；

　　GVP_τ——年度 EADRP 各企业总产值；

　　W_k——按牲畜种类划分的企业 k 应承担相应种类疫病防控经费比例。

在以上权重计算过程中数量、比例、产值乃至按牲畜种类进行划分的企

① 根据动物健康澳大利亚突发动物疫病应对计划有关规定，通常包括：口蹄疫、牛瘟、水疱性口炎、猪水疱病、猪传染性水疱病等五种。资料来源：Animal Health Australia. Government and Livestock Industry Cost Sharing Deed In Respect Of Emergency Animal Disease Responses ［M］, 2001.

业类型等数据均由官方统计部门根据近三年平均情况提供[①]。

结合以上权重计算方法，并以口蹄疫为例。假定仅在该国 A 州暴发口蹄疫（按 EADRP 分类为 2 类疫病），加入 EADRP 的牲畜生产企业有养牛企业 B、养羊企业 C 和养猪企业 D，3 个企业近 3 年来的平均年产值分别为 5 亿元、3 亿元、2 亿元，疫病防控支出 1 亿元。根据 EADRP 规定，发生口蹄疫时按牲畜种类划分的各企业应承担的相应种类疫病防控经费比例如下。

$$养牛企业 B 负担口蹄疫防控经费比例 = \frac{5}{5+3+2} \times 100\% = 50\%$$

$$养羊企业 C 负担口蹄疫防控经费比例 = \frac{3}{5+3+2} \times 100\% = 30\%$$

$$养猪企业 D 负担口蹄疫防控经费比例 = \frac{2}{5+3+2} \times 100\% = 20\%$$

由此，可构建联邦、州及地方政府与牲畜生产企业动物疫病防疫费用分摊模型，如表 10 - 5 所示。

表 10 - 5　两部门动物疫病防疫费用分摊模型（疫病种类：2 类疫病）

政府基金负担	费用合计	80% × 1 亿元 = 0.8 亿元
	联邦负担权重	50%
	联邦负担金额	50% × 0.8 亿元 = 0.4 亿元
	A 州负担权重	$50\% \times f(A) = 50\% \times (d+e) / \sum A(d+e) = 50\%$
	A 州负担金额	50% × 0.8 亿元 = 0.4 亿元
企业基金负担	费用合计	20% × 1 亿元 = 0.2 亿元
	企业 B 应负担比例	$X_B = \frac{GVP_B}{GVP_\tau} \times W_B \times \frac{GVP_\tau}{\sum_B (GVP_B \times W_B)}$ = 5/（5 + 3 + 2）× 50% ×（5 + 3 + 2）/（5 × 50% + 3 × 30% + 2 × 20%） = 65.79%
	企业 B 应负担金额	65.79% × 0.2 亿元 = 0.13 亿元

① Animal Health Australia. Government And Livestock Industry Cost Sharing Deed In Respect Of Emergency Animal Disease Responses [M]，2001.

企业基金负担	企业 C 应负担比例：	$X_C = \dfrac{GVP_C}{GVP_\tau} \times W_C \times \dfrac{GVP_\tau}{\sum_C (GVP_C \times W_C)}$
		$= 3/(5+3+2) \times 50\% \times (5+3+2)/(5 \times 50\% + 3 \times 30\% + 2 \times 20\%)$
		$= 23.68\%$
	企业 C 应负担金额：	$23.68\% \times 0.2$ 亿元 $= 0.05$ 亿元
	企业 D 应负担比例：	$X_D = \dfrac{GVP_D}{GVP_\tau} \times W_D \times \dfrac{GVP_\tau}{\sum_D (GVP_D \times W_D)}$
		$= 2/(5+3+2) \times 50\% \times (5+3+2)/(5 \times 50\% + 3 \times 30\% + 2 \times 20\%)$
		$= 10.53\%$
	企业 D 应负担金额：	$10.53\% \times 0.2$ 亿元 $= 0.02$ 亿元

三、发达国家兽医事业管理体制和财政支持政策的启示

在借鉴美、澳两国兽医管理体制及其财政支持兽医事业的做法前，首先要认清国情上的差异。

一是地域环境的显著差异。我国陆地边境线长约 2.2 万千米，与 14 个国家接壤，相比美、澳两国等发达国家，我国边境动物疫病防堵工作难度更大，动物卫生防疫问题需要持续、高度关注。

二是经济发展程度上的差异。美、澳两国是发达国家，经济发展水平较高，政府财政管理体系相对成熟，预算管理体系较为科学。我国作为发展中国家，仍需面对人口多、底子薄的现实，经济发展程度不高，中央及地方财政供给能力有限，特别是地方政府间的财力参差不齐，财政投资的总量相对不足。因此，对兽医事业的财政支持做法的借鉴，应在兽医事业财政投入随畜牧业总产值波动增长的基础上，重点关注支持结构优化的做法。

三是畜牧养殖方式上的差异。美、澳两国的畜牧养殖方式以规模化养殖为主。我国目前的畜牧养殖方式较为落后，仍停留在千家万户的散养阶段，散养比例达到养殖总量的 60%；在落后的养殖方式下，地区间差异较大。因此，在借鉴美、澳两国做法时，应关注在财政支持中，中央政府及各地方政府间的财政分配关系及支持路径的设计。

四是疫情和疫病种类上的差异。美、澳两国对疫病的防控经验较为成

熟，如澳大利亚已形成根据不同种类疫病采取不同防疫经费的分摊机制。目前，我国还存在 8 大类动物疫病，疫情频发，因此，在借鉴美、澳两国做法时，应借鉴不同疫病种类和不同疫病防控环节采取不同财政支持的方式。

从国外的做法中可以得出如下启示。

1. 加大中央级兽医管理部门在政策、资金引导与技术支持等方面垂直管理力度

美、澳等国的官方兽医垂直管理体系更加厘清了中央和地方的事权与财权，明确了各层级兽医机构与兽医官在动物防疫工作的权利与义务，避免了联邦与州政府、州政府之间的动物疫病防控与动物卫生执法工作存在空白与扯皮现象。我国兽医管理体制改革后，机构、职能、人员素质等得到明确与加强，管理体制基本理顺，但管理上仍沿袭中央与地方分级管理模式，中央与地方的事权不甚清晰，事权与财权不完全对等情况仍然存在，这在一些地方政府财力较弱、地域广阔、动物疫病防控工作难度较大的边远省份尤为突出。因此，在现有管理模式下，迫切需要加大中央级兽医管理部门在政策、资金引导与技术支持等方面的垂直管理力度，强化事权与财权的统一，确保重大动物疫病防控措施与动物卫生执法工作的落实。

2. 逐步建立与完善财政支持兽医事业发展的政策体系

一是确立官方兽医机构的财政支持体系。中央和地方兽医机构人员费、运转费纳入各级政府财政预算，在稳定支持路径的基础上实现支持规模的正常增长。

二是建立动物防疫专项基金。通过中央转移支付、地方财政配套，大型畜产企业及其他利益相关者以一定比例共同出资，形成动物防疫专项基金，切实增强疫病监测、应激反应死亡补偿、扑杀补偿、无害化处理等防疫工作经费的保障力度。

三是设立动物检验检疫专项基金。基于陆路边境线较长的实际，建立国家动物疫病检验检疫专用基金。其运作模式可以参照美国检验检疫用户类费用账户的运作。通过收取用户的检验检疫费用，并结合国家财政的补充支持，建立国家动物疫病检验检疫专用基金，用于外来动物疫病检疫及进出口检验检疫相关经费的支出。

四是确立技术支撑体系的财政投入机制。以中央转移支付为主，整合中央及地方政府、大学、科研机构等多方资源，构建非营利性、层级鲜明、功

能明确、资源共享的国家兽医实验室网络体系，并保证相应的运转经费。

3. 探索建立动物疫病防疫费用分摊计算体系

一是借鉴澳大利亚的经验，根据国际动物卫生组织（OIE）的动物疫病分类标准和我国《国家突发重大动物疫情应急预案》确定的疫情等级分类标准等，建立动物疫病分类体系；二是根据动物疫情的严重程度，发生的范围等，确定中央政府与地方政府防疫经费分摊比例；三是按各地人口数量比例、动物产品产值比例、动物数量等一系列指标并结合疫病种类设计相应的权重计算公式以确定各地应承担的防疫经费金额，力求形成与事权相一致、相对合理、可操作的防疫经费分摊计算体系。

第十一章

兽医事业发展面临的
机遇和挑战

当前，兽医对加快恢复生猪生产、稳定禽蛋业发展、促进奶业持续振兴、保证畜产品质量安全维持较高水平、实现"两个千方百计、两个努力确保"① 的工作目标起到十分重要的作用，为国民经济"保增长、调结构、控通胀"提供了重要支撑。"十二五"时期，是我国兽医事业发展的战略机遇期和关键转型期，影响兽医事业发展的内外部环境发生深刻变化。国际金融危机影响尚未消除，全球农产品的供求结构出现明显变化；经济社会发展呈现新的特征，开始进入工业化、城镇化和农业现代化同步推进的历史阶段。兽医事业发展既面临着难得的历史机遇，又面对诸多的风险挑战。

一、兽医事业发展面临的机遇

（一）兽医发展政策环境进一步优化

国家综合国力的增强为政府加强基本公共服务提供了可能性。党中央、国务院高度重视兽医事业发展，把兽医工作作为政府基本公共服务的重要组成部分。国家提出的关注民生、完善基本公共服务、推进城乡基本公共服务均等化等理念，为兽医事业发展提供了更为广阔的空间。近些年，国家先后制定出台了一系列方针政策和扶持措施，新的支持兽医业发展规划不断出台，扶持政策体系初步形成。尤其是国务院出台了《关于推进兽医管理体

---

① 农业部提出了"两个千方百计、两个努力确保"，即千方百计提高粮食产量、千方百计提高农民收入，努力确保不发生区域性重大动物疫情，努力确保不出现大的农产品质量安全事件

制改革的若干意见》（国发［2005］15 号）以后，各级和各地积极出台配套改革措施，《全国动物防疫体系建设规划（2004—2008 年)》下发并实施，兽医机构队伍和能力建设不断加强。近几年的中央一号文件多次强调要加强动物疫病防控工作。党中央、国务院领导多次做出明确指示，要求落实好动物防疫"内防外堵"各项措施，一定要把疫情控制住。2010 年，农业部把"努力确保不发生区域性重大动物疫情"作为"两个确保"的重要组成部分，并采取了一系列重要措施加强动物疫病防治工作。目前，《全国动物防疫体系建设二期规划（2011—2015 年)》已经下发，《国家中长期动物疫病防治规划（2012—2020 年)》经过多部门讨论修改，现已出台，见附录 C。可以预见，随着国家综合国力不断增强，强农惠农力度持续加大，兽医事业发展的政策环境将进一步优化，为兽医事业健康发展打下更加坚实的基础。

（二）畜牧发展方式转变带来新契机

"十二五"时期是我国全面建设小康社会的关键时期，也是加速现代农业发展的攻坚时期，调整经济结构、转变发展方式已经成为社会共识。近年来，家庭分散饲养为主的畜禽养殖模式逐步向标准化、规模化、集约化转变，规模养殖场比例逐步提高，养殖场所生物安全条件逐步改善。2010 年，全国年出栏 500 头以上生猪、存栏 500 只以上蛋鸡和存栏 100 头以上奶牛的规模化养殖比重分别达到 35%、82% 和 28%，比 2005 年分别提高 19、16 和 17 个百分点，标准化规模养殖快速发展。以原种场和资源场为核心，扩繁场、改良站为支撑，检测中心为保障的畜禽良种繁育体系基本形成并不断完善。生猪、蛋鸡和奶牛优势省区猪肉、禽蛋和牛奶产量分别占全国总量的 92.0%、67.7% 和 88.3%，畜牧业主产区产业优势明显。标准化、规模化、产业化的快速发展，为加快畜牧业发展方式转变创造了良好条件。畜牧业发展方式的转变使兽医服务更加集中，为科学防治动物疫病创造了更好的条件。畜牧兽医从业人员的疫病防控意识逐步提高，为实施兽医卫生措施创造了条件。

（三）兽医事业发展基础进一步夯实

兽医是促进经济社会可持续发展的一项基础性工作。随着国家对公共卫生重视程度的提升，中央和各级政府高度重视重大动物疫病防控和动物产品卫生安全监管工作，先后制定了一系列重大政策和措施，兽医的基础设施条件不断完善，科技支撑能力显著增强，公共服务体系不断完善，动物疫病防控和动物产品安全监管条件和手段有了根本性的改善和提高。经过 5 年多的体制改革，中央、省、市、县、乡五级兽医工作体系和兽医工作队伍基本形成。全国 95% 以上的地市、80% 以上的县区和 75% 以上的乡镇已经完成了兽医管理体制改革。

（四）兽医防疫实践积累了宝贵经验

多年来兽医防疫工作实践为进一步实施动物疫病控制和净化提供了宝贵经验。在重大动物疫病采取免疫与扑杀相结合的防控策略实践中，我国加强了应急管理体制、机制、法制和预案的"一案三制"建设，初步建立健全了一个科学合理的预案体系、一支训练有素的应急队伍、一套快速可行的反应程序。在自然灾害和突发事件应对中，基本可以做到沉着果断、有序应对。

二、兽医事业发展面临的挑战

（一）畜牧发展方式落后影响疫病防控效果

当前我国畜牧生产总体生产水平还不高，小规模低水平的散养方式仍占相当大的比重，近 40% 的生猪由年出栏 50 头以下的散户提供，60% 的奶牛由存栏 20 头以下的小户饲养。小户散养方式存在生产管理粗放、信息不灵、防疫条件差、标准化程度低等问题，防疫措施很难落实到位，一方面制约了产业的持续健康发展，另一方面给动物疫病防控带来隐患。兽医残留是影响动物产品安全的重要因素，不科学、不合理用药现象仍然突出，在兽药使用环节对小规模户和散户的监管仍然困难。

（二）畜牧业快速发展对兽医要求越来越高

我国已经成为世界畜禽养殖总量最多的国家，饲养规模和养殖密度仍在持续扩大。为贯彻落实党的十七届五中全会精神和《国民经济和社会发展第十二个五年规划纲要》，进一步促进畜牧业持续健康发展，加快现代畜牧业建设进程，农业部组织制定了《全国畜牧业发展第十二个五年规划（2011—2015 年）》。畜牧业的快速发展对疫病防控工作提出了更高要求。当前的兽医服务能力建设与现代畜牧业发展的总体要求仍然存在较大的差距。而且，随着生活水平的不断提高，社会公众对畜产品安全的要求也越来越高，社会关注度空前加大。由于畜产品生产者素质参差不齐，部分生产者质量安全意识淡薄，加上畜禽养殖区域发展不平衡，有的消费者有食用生鲜动物产品的消费习惯，导致我国动物及动物产品大流通的格局短期内不可能改变，兽医事业发展的形势更加严峻。

（三）国内重大动物疫病防控形势依然严峻

病原微生物变异速度的加快使得动物疫病防控难度不断加大，过去 5 ~ 10 年才出现一种新传染病，现在却只要 1 ~ 2 年就会出现。部分地区布氏杆菌病、结核病、包虫病、血吸虫病、狂犬病等人畜共患病有所抬头，禽流感病毒不断出现变异重组趋势，口蹄疫病毒同时存在多个血清流行，重大动物疫病病原污染面依然较大，增加了疫情发生几率。个别地区散发 A 型口蹄疫疫情，发病畜种和病原体混合感染产生、波及范围有所扩大，防控难度进一步加大，严重威胁畜牧业发展和公共卫生安全。另外，由于部分畜禽养殖者粪污和病死动物无害化处理意识薄弱，加上设施设备和技术力量缺乏，导致疫病再次出现和流行的可能性增加。此外，随着甲型 H1N1 流感在人际和畜禽间感染面扩大，与原有动物流感发生重组变异的风险可能性增大，对公共卫生的潜在威胁不可低估。

（四）外来疫病防控在短时期内难以有效缓解

从全球来看，重大动物疫情不断发生，特别是非洲猪瘟已经在我周边国家不断发生，外来疫病防控难度大，而且对我国疫病防控的威胁在短期内难以有效缓解。我国边境线长约 2.2 万千米，与 14 个国家接壤，口岸通道多，周边国家禽流感与家畜口蹄疫等重大动物疫情时有发生，疫情传入风险较大，边境防堵压力大。2010 年全球有 39 个国家相继发生口蹄疫疫情，18 个国家发生家禽禽流感疫情或从野鸟中检出病毒。由于当今人和动物频繁、长距离流动相对缩短了国家之间的距离，畜禽疫病传入我国的风险增加。另外，由于动物及其产品进口量不断增加，加之外来动物疫病风险防范管理与技术研发滞后、野生动物走私情况时有发生等原因，进一步加大了外来动物疫病传入的风险。

（五）基层兽医服务能力难以适应新形势需要

尽管基层兽医服务能力有所改善，但是仍然难以适应新形势发展的要求。一是兽医服务方式与新形势要求不相适应。部分基层兽医服务采取的是单一划片承包方式，缺乏交叉检查和监督，影响了服务质量的提高。二是服务内容与畜牧业发展的要求不相适应。目前乡镇兽医站提供的服务大多仅限于防疫、治疗、阉割和饲料的推广，其服务功能没有得到进一步拓展和发挥。三是服务质量与群众要求还有差距。有些乡镇站人员执业能力参差不齐，兽医系统培训平台和执业兽医体系尚未完善，加上部分兽医人员忽视学习，忽视钻研业务，致使服务质量下降，切实全面履行《动物防疫法》职责的难度大。四是兽医机构队伍能力与所承担任务和发展要求还不适应。兽医机构队伍尚不健全、基层防疫队伍不稳等问题尚未得到根本解决。可见，兽医的发展离不开公共财政框架的公平诱导和释放。

（六）我国动物和动物产品国际竞争力还不够强

农产品国际贸易一直是各国关注的焦点。我国加入世界贸易组织（WTO）后，动物产品参与国际竞争的压力持续存在。从国际动物卫生组织（OIE）制定的动物和动物产品国际贸易卫生标准看，我国在影响贸易的 I 类动物疫病控制水平、动物与动物产品药物残留控制水平、动物福利标准建立和实施等方面还存在较大差距。一些国家仍会以疫病控制、兽药残留等因素设置技术壁垒，阻碍我国畜禽产品出口；也有一些发达国家继续利用在国际组织及国际规则制定中的主导权，为其本国产品出口创造条件。因此，加强兽医服务，提高我国动物和动物产品国际竞争力将是一项长期而艰巨的任务。

（七）兽医管理体制改革任务依然艰巨

各地兽医管理体制改革与国务院和农业部要求还有一定差距，存在一些需要认真研究和深入解决的问题。特别是乡镇畜牧兽医站改革问题仍很突出。有的县市财力不足，乡镇畜牧兽医站人员工资、业务经费纳入县级财政预算确有困难；有的乡镇兽医站人员没有参加社会保险，分流难度大；有的乡镇畜牧兽医站分流人员未得到妥善安置；很多地方基层兽医队伍人员数量不足，专业素质和技术水平低，难以满足当地养殖业发展和防疫检疫工作的需要，人员经费也没有保障，难以适应防控工作需要。总体来看，我国兽医工作仍待进一步提高，动物防疫基础设施建设与动物防疫经费投入机制也需进一步完善、配套。

三、国际兽医的发展趋势

（一）国际社会对兽医地位与作用的认识越来越清楚

随着全球范围内养殖模式的改变和世界经济一体化进程的加速，重大动物疫病给畜牧业发展带来的风险日趋突出，不仅使畜牧业遭受重大冲击，而且危及公共卫生与安全，已成为一个超越国界、全人类共同关注的问题。近年来，我国兽医工作在保障公共卫生和动物产品安全方面的地位和作用，越来越受到各界的高度重视。2004 年，有关国家和国际组织提出了"同一个世界，同一种健康"的理念，得到国际社会的积极倡导。这一理念，在全面阐述兽医工作，尤其是在保护生态平衡、防控人畜共患病、保障动物源性食品安全、监管动物医学实验、防止病源污染环境等方面，强调兼顾畜牧业发展和公共卫生安全的，防病理念兼顾保护动物用药安全和人类健康的兽药使用原则。在世界兽医日"同一个世界，同一个健康，兽医和人医更密切合作"这一主题的倡导下，全世界已意识到动物疾病与公共卫生之间的重要联系。从人类健康的角度出发，"同一个世界，同一个健康"的理念，必将促使所有国家倡导结合兽医与人医的力量来共同控制人畜共患病，以此保证全人类的健康。不管是国际社会对兽医工作的期望，还是维护国内公共卫生安全的需要，都对兽医工作统筹动物卫生和公共卫生健康发展提出了新的、更高的要求。

（二）国际社会开展动物疫病防控合作日益深入

国际社会对动物卫生和兽医事业的认识伴随着动物疫病防控工作的开展和世界动物及动物产品贸易的发展而不断深入。世界动物卫生组织的发展和世界贸易组织 SPS 协议的签署则促进了各国对动物卫生和兽医事业的认识趋同和国际间的磋商合作。世界动物卫生组织（OIE），最初由 28 个国家于1924 年共同签署一项国际协议而产生，总部位于法国巴黎，是处理国际动物协作事务的政府间组织。在世界贸易组织成立之前，OIE 作为一个独立的世界动物卫生方面的组织，在国际舞台上发挥着三大主要职能：向各国政府通告全世界范围内发生的动物疫情及其起因，并通告相应控制方法；拟定动物卫生法典和标准；就动物疾病的监测和控制开展研究工作等。世界贸易组织成立后，1998 年 5 月 4 日，WTO 与 OIE 双方签署了《世界贸易组织与世界动物卫生组织合作协议》，正式明确 OIE 新职责。经《卫生与植物卫生措施实施协议》（SPS 协议）授权，OIE 新增了"制定动物及动物产品在国际贸易中的动物卫生标准、规则和动物卫生措施"的职责。OIE 成员国的组成由成立初期 28 个发展为 2009 年的 174 个；OIE 组织机构也发展为包括 4 个专业委员会，5 个地区委员会（非洲、美洲、亚洲、远东和大洋洲、欧洲、中东），3 个永久性工作组（动物流行病学、兽药认证、生物工程），5 个地区性代办处（亚太、美洲、东欧、中东、东南亚），135 个兽医参考实验室和 13 个协作中心在内的庞大组织体系。

世界贸易组织成立之后，为了避免成员国采取的动物卫生与植物卫生措施给国际贸易带来不必要的壁垒，促进国际贸易的自由化和便利化，WTO 成员于 1994 年经乌拉圭回合签署了《SPS 协议》，促成了各成员国在采取动物卫生与植物卫生措施时采用相关国际组织制定的标准、准则和建议。这些国际标准包括食品法典委员会（CAC）、OIE 和国际植物保护公约（IPPC）制定的标准。具体到动物健康和人畜共患病，《SPS 协议》授权并采用 OIE 制定的相应标准、准则和建议。根据 OIE 工作报告，OIE 当前和今后的工作主要包括兽医机构评估、动物卫生措施等效性评价、兽用微生物耐药性监测、动物源性食品安全工作、动物福利、无疫病国际认证、国际贸易争端解决等 7 个方面。这也是各成员国兽医组织在当前及今后所要重点关注并实施的主要工作。

农业部兽医局局长张仲秋在 2010 年的全国畜牧兽医工作会议上指出，近几年，中国兽医参与国际交流合作进一步深化，双边、多边合作稳步推进，与 OIE、FAO 等有关国际组织的合作扎实推进。2010 年，我国正式加入了 OIE 东南亚—中国口蹄疫控制行动，启动了与 OIE 参考实验室和协作中心的"结对"合作项目，实施了 FAO 禽流感防控能力建设和兽医现场流行病学培训两个项目。在双边交流合作中，我国先后向缅甸、老挝等周边国家提供防疫物资、技术援助，与多个国家开展了技术交流，派出多批兽医团组出国学习考察，学习国外先进的管理理念和疫病防控经验，收到了很好的效果。广西、云南、西藏、新疆、黑龙江等边境省区加强了对外交流与合作，双边和多边跨境动物疫病防控合作机制逐步建立。

（三）国际社会有关兽医事业法律体系相对完善

随着国际社会对动物卫生和兽医事业的认识日益深入和趋同，各国对动物卫生高度重视，政府间的国际组织及其各成员国，先后通过不同形式的法律、规定，不断完善本组织、本国的动物卫生及兽医事业的组织、目标和任务实施体系。国际范围内动物卫生及兽医事业法规体系日益系统科学，有力促进了动物卫生和兽医事业的发展。

当前，国际范围内认同的拥有权威性的动物卫生及兽医事业法规主要包括 WTO 各成员国签署的《SPS 协议》及 OIE 制定的《国际动物卫生法典》等相关法规。

《SPS 协议》作为 WTO 各成员国签署的协议其重点在于贯穿和体现 WTO 的基本原则和主张，具有较强的综合性。其关于动物卫生和兽医事业方面的规定主要包括：国家动物卫生管理体制方面，要求建立一个统一的全程动植物卫生管理体系；动植物卫生法规标准体系方面，要求建立一整套规范、全面的动物卫生法律法规，并与国际相接轨；动物病虫害防控策略方面，要求各成员采取必要的 SPS 措施，快速、有效地扑灭疫病，降低动物和动物产品跨境流通传播疫病的可能性，减少对人类和动物健康的潜在威胁；风险评估方面，将风险评估作为其核心内容并作为各国协议实施机制的重要体现；国家兽医实验室体系方面，强调一个国家的兽医实验室水平是全面控制出口动物和动物产品卫生状况的基础；动物源性食品安全控制体系方面，要求由国家兽医行政主管部门负责动物源性食品安全的监管。

《国际动物卫生法典》的宗旨是通过详细规定进出口国家兽医当局采取的卫生措施，防止传播动物或人的病原体，确保动物（包括哺乳动物、禽和蜜蜂）及其产品在国际贸易中的卫生安全，并促进国际贸易。《法典》内容主要包括：提高动物卫生保护水平，对动物口蹄疫、疯牛病、牛瘟、痒病等重大疫病作出限制性措施；评估兽医机构，将兽医机构的评估工作作为动物疫病风险评估的重要内容并规定评估范围，将风险评估结果作为各成员国兽医机构建立并保持其国际兽医证书信任度和质量行为的重要条件；实施食品安全规范，规定在制定食品安全标准时，考虑并制定宰前动物食品安全标准和食品危害分析关键控制点系统的建立，充分体现兽医在食品安全工作中的重要性；关注兽用抗生素的抗药性，发布动物饲养场抗菌剂用量监测指南及兽用抗菌剂指南等；发布卫生措施等效性评估指南，规定等效性评价的必要项目和等效性判断的原则、等效性判断中采取的步骤和顺序等内容；规定国际间解决贸易争端的程序；规定动物福利，要求建立并完善运输福利、人道主义屠宰和因病扑杀福利，同时关注基因修饰和克隆。

第十二章

财政支持兽医事业发展的
思路和原则

一、总体思路

"十二五"期间，财政支持兽医事业发展的总体思路是：深入贯彻落实科学发展观，全面落实党的十七大和十七届三中全会精神，以维护畜牧业生产安全、公共卫生安全和畜产品质量安全为出发点，以全面提升动物重大疫病防控能力，有计划地控制、净化与消灭危害畜牧业生产、影响人类健康安全的重大动物疫病为目标，构建财政支持兽医事业发展的长效保障机制。立足公共财政保障，引入市场机制，建立和完善符合国情、与畜牧业和经济社会发展水平相适应的动物防疫财政支持政策。切实加大公共财政投入力度、优化投入结构，明确支持重点；积极探索政府、企业与社会等多方投入机制；逐步建立养殖业风险分担机制，努力增强全社会重视动物疫病防控的意识，推动畜牧业生产健康发展，促进农牧民持续增收，提高动物产品的质量安全水平与人类及动物健康水平，为经济社会发展提供有力支撑。

二、目标任务

"十二五"期间，兽医工作主要目标任务是：稳步降低重大动物疫病的发生，逐步实现动物疫病地扑灭和净化；推进动物疫病区域化管理与无规定动物疫病区建设取得新进展；提高兽医药品、生物制品质量监管水平，初步建成监管执法体系；兽医队伍素质明显提高，兽医管理体制进一步健全完善；经费投入稳步增加，兽医公共财政支持政策和保障机制更加完善；国际交流合作力度进一步扩大，兽医科技支撑能力与国际合作水平不断提高。

本研究认为"十二五"期间财政支持兽医事业发展的 5 个重点为：强化基础设施建设投入、加强兽医培训经费投入、加强动物卫生执法监督投入、进一步增加常规补助力度、建立国家和地方政府重大动物疫情应急基金。

三、基本原则

财政支持兽医事业的发展是经济社会发展的必然要求，是畜牧业健康发展的根本保障，是一项必须长期坚持的工作。经过多年的实践，我国已经形成了"预防为主"和"加强领导、密切配合、依靠科学、依法防治、群防群控、果断处置"的动物疫病防控总方针，确定了动物防疫遵循"地方政府负总责"、"属地管理"和"早、快、严、小"处置的原则。为此，本研究提出，进一步支持兽医事业发展的基本原则如下。

（一）突出重点

基层畜牧兽医站承担着免疫注射、疫情普查、畜牧技术推广培训、畜牧生产和疫情统计等大量公益性工作，任务繁多，责任重大，但是基层动物疫病防控机构基础设施建设不完善、防控经费短缺、基层人员经费得不到保障。因此，首先要提高村级防疫员的待遇，保证从业人员的工资收入达到当地一般标准以上，确保基层兽医队伍的稳定性；其次，财政支持兽医事业发展应以强化基层的疫病防控能力为重点，加大基层动物防疫部门的资金投入。

（二）扩大规模

近几年，各级财政切实加大了对动物防疫工作的投入力度，但相对于目前养殖业发展水平和日益复杂的动物疫病防控形势，财政投入总量仍显不足，与其他行业相比，中央财政防疫资金占农业总产值、畜牧业产值的比例仍然很低。由于兽医财政投入力度与高密度的饲养状况需求差距还很大，因此应保证兽医财政投入规模只增不减。各级政府应继续加大财政支持力度，把监测经费、流行病学调查经费、疫情信息报送及设备的管理维护经费等列入财政预算，同时增加动物防疫工作经费，将免疫负反应的处置，无害化处理，防控工作的组织培训、宣传发动与考核验收纳入财政补贴的范围。

（三）注重效率

中央和省级财政下拨的资金都有明确的用途，否则就是挪用资金。因为上级政府和下级政府之间存在着严重的信息不对称，上级政府并不知道基层究竟发生什么疫情，需要购买什么样的防疫设施。由于各地的疫情不一样，中央财政可将防疫资金切块分给县级人民政府，由县级人民政府统一掌管防控资金的使用。在政策选择上，可以对不同的疫病采取不同的防控补助策略，同时还要实行区域防控，重点支持无疫区建设，加强东中西部的协调，提高防控资金的使用效率。

（四）优化结构

我国动物疫病防控以"预防为主"，但普遍观点认为"预防为主"就是应用疫苗防病，我国用于疫苗补贴的资金最多，且绝大部分是用于疫苗购置，而用于扑杀补助、疫病诊治、基层防疫员队伍建设、检验检测、疫情监测、无害化处理、无疫区建设、技术推广的资金相对还很少。"预防为主"的核心思路是通过实施严格的免疫、消毒、隔离和无害化处理等一系列综合防控措施，建立多层防御屏障，财政投入应加大对其他环节投入，建立有效的生物安全体系，从根本上减少对疫苗（或药物）的依赖，实现预防和控制动物疫病的目的。

第十三章

支持兽医事业发展政策建议

兽医事业的健康发展事关动物食品安全和公共卫生安全，意义十分重大。特别是我国成为 WTO 成员后，动物防疫工作尤为重要，如果不予以高度重视、强化措施，那些处于稳定控制阶段的人畜共患的传染病难免要再次流行肆虐，几十年的动物防疫成果将毁于一旦，多年发展起来的畜牧业经济基础将遭到破坏，人民的身体健康受到严重威胁，国际贸易将遭受灭顶之灾，后果难以想象。根据兽医发展要求，要把兽医发展中属于公共卫生安全范畴，符合新农村建设方面的公益性、社会性、支农惠农性投入，纳入公共财政支持范围。

一、加大对兽医事业财政支持力度

（一）建立财政支持兽医事业发展的长效机制

一是要严格按照《中华人民共和国动物防疫法》、国务院《关于推进兽医管理体制改革的若干意见》及其农业部实施意见要求，在全面完成各级各类兽医机构改革的基础上，确保其全面纳入全额预算管理。同时，要推进乡镇畜牧兽医站的改革，将其列入全额拨款事业单位，人员和工作经费纳入县（区）财政预算管理。

二是建立适应畜牧业快速发展、动物疫病防控工作与兽医公共卫生管理工作需要的、稳步增长的兽医工作经费长效保障机制，中央财政年度兽医事业的投入应随着畜牧业总产值的增长实现按比例的动态增长。

三是设立中央、省、县三级重大动物疫情防控基金与防疫物资库，每个财政年度按一定比例拨入一定经费，在重大动物疫情发生时，确保防疫物资、扑杀经费等能及时兑现。

（二）优化兽医事业发展的财政投入结构

一是考虑中央和地方各级兽医机构职能，按属地化原则，中央投入与地方投入相结合，并纳入各级财政的年度预算，达到"人员经费有保障、工作经费有预算、设施建设有投入"的基本要求。根据地区差异，因地制宜解决地方配套资金难的问题。

二是统筹考虑动物疫病防控、兽医公共卫生、进出口检疫检验的投入结构。除了继续加强重大动物疫病防控投入外，应逐步增加对兽医卫生监督、畜产品安全检测检验、畜牧生产投入品监管、兽医公共卫生管理与协调等方面的投入力度。

三是统筹考虑动物疫病防控各环节的投入结构。要在保持相应规模的疫苗补助基础上，逐步增加用于疫情监测与流行病学调查、扑杀补助、病死畜禽及无害化处理补贴、无疫区建设、基层防疫员队伍建设、防疫技术与疫苗等研发、动物及动物产品检验检测等环节的经费投入，使防控经费相对均衡地配置于动物疫病防控的各个环节。

四是对不同的疫病采取差别化的防控补助策略。对需要控制的动物疫病，应加大强制免疫财政支持力度；对需要净化与消灭的疫病以及地区，加大扑杀补助力度。防控策略逐步从以强制免疫为主，向以扑杀补贴为主、强制免疫为辅转移。

（三）明确财政支持兽医事业的重点

要根据"控制、净化与消灭"重大动物疫病的要求，围绕提升动物疫情监测预警能力、突发疫情应急管理能力、动物卫生监督执法能力、动物疫病强制免疫能力、动物疫病防治信息化能力开展防控体系的建设，"十二五"期间公共财政重点应放在完善动物防疫体系网络、规范提高各类补助水平、县级及以下防疫技术支撑机构与检测检验机构的运转经费投入、动物疫病防控应急管理投入等方面，进一步加大经费支持力度。

1. 加大动物防疫基础设施投入力度

根据《全国动物防疫体系建设二期规划》的部署，按照"巩固乡村一级，完善县一级，补强地市一级，提高省一级"的总体要求，完善省、市、县（区）、乡镇及村五级动物疫病预防与控制体系建设。尽快启动国家关于公路动物卫生监督检查站、动物产地检疫申报点、村级动物防疫室、无害化处理场、动物隔离场、无规定动物疫病区、生物安全隔离区等项目的建设。逐步将市级动物疫病预防机构、省级应急指挥中心、省际动物卫生监督、公路动物卫生监督检查站、村级防疫室等建设项目纳入防疫体系建设发展规划。增加市级动物防疫基础设施和动物卫生监督建设项目，改善市级动物疫病防控和检疫监督机构的工作环境和执法装备，提高防控和执法能力。加强省级重大动物疫病防控指挥平台建设，建设动物和动物产品安全监管平台、动物卫生监管信息系统，建设省级应急指挥系统和动物标识及疫病可追溯系统。

2. 增加县以下防疫检测与实验室运转经费投入

基层动物防疫机构与动物产品质检机构"有钱养兵，无钱打仗"的情况较为普遍，不仅影响防疫设施的使用效率，更影响动物防疫与动物产品质量检测检验的效果。建议中央财政在安排疫情监测、预防、控制、扑灭、动物产品检测检验等经费时，应适当考虑对基层相关机构运转经费的补助，同时，中央和省、市、县通过各级各类科技计划或专项经费对基层实验室给予支持。此外，地方财政应严格按《动物防疫法》的规定，保证地方强制免疫疫病的免疫与扑杀经费、开展动物防疫工作必需的工作经费。

3. 加大重大动物疫病防控应急管理投入力度

首先，应研究制定全国重大动物疫病防控应急管理基础设施标准化建设规划，争取用3~5年的时间，加强建设应急管理信息系统、应急资金预算、应急物资储备库、物资管理与更新、运输车辆配备等，将应急资金列入财政预算，推动应急工作常态化、长效化。其次，要建立健全应急管理队伍，确保应急队伍人员稳定、业务精良、管理有序、保障有力。

4. 加强兽医培训经费投入

兽医事业各级行政主管单位应制定系统完善的培训方案，定期举行培训班或讲座，分层次对动物防疫人员进行基础知识、基本操作技能、法律法规等知识培训，打造高素质的动物防疫队伍。应加强兽医等专业技术人员对设备仪器操作的培训，提升基层兽医的整体素质。同时还要加强村级防疫员队伍的技术培训，建立健全村级动物防疫员岗前培训和在岗培训制度，把村级动物防疫员培训纳入动物防疫队伍整体培训计划，切实提高村级动物防疫员业务素质和工作能力。各级财政应将基层兽医人员再教育培训经费纳入年度预算。此外，要健全基层兽医人员的社会保障体系，解决他们老有所养、病有所医问题，保证基层兽医队伍稳定。

5. 加大兽医科技投入力度

首先，应加大科技投入力度，鼓励联合攻关，以准确把握动物疫病发生发展规律为出发点，加强兽医、卫生、林业等领域的科研机构和专家交流，促进跨学科、跨部门合作。其次，要抓紧抓好兽医科技推广工作。第三，要按照政府扶持和市场引导相结合、公益性推广和经营性服务相结合的原则，有效利用动物疫病预防控制机构、动物卫生监督机构与兽医科研机构的体系、人才、技术优势，开展技术示范、培训、指导和咨询服务工作。此外，还应加快兽医科技推广服务网络建设，促进兽医科技成果转化和推广应用，解决好兽医科技推广"最后一千米"问题，为兽医事业和农业农村经济发展提供更加坚实的科技保障。

6. 加大对畜产品主产省扶持力度

畜产品主产省担负着保障有效供应、稳定市场的重要任务，而畜产品主产省一般又是农村人口多、经济发展落后、财政困难的地区。畜牧业大省是产品调出大省，畜禽交易和过境频繁，畜禽疫病控制难度较大。畜牧大县动物疫病防控工作开展的好坏，直接影响到全省乃至全国的畜牧业健康发展和畜产品安全有效供应。因此，建议中央财政增加对畜牧业重点省份的投入，重点增加对动物疫情监测、诊断及动物疫病可追溯体系建设的财政投入。

二、切实提高各类补助标准

应根据《中华人民共和国动物防疫法》第 66 条要求，尽快制定强制扑杀、养殖与流通环节病死动物、强制免疫应激死亡动物的补偿标准与办法。要根据动物疫情发展态势和"十二五"期间动物疫病防控的总体要求，有计划地规范和提高各类补助标准。

（一）配合实施重大疫病控制计划，进一步增加疫苗补助力度

首先，应扩大财政支持的强制免疫范围。其次，随着近年来疫苗研发和生产成本提高，疫苗价格持续攀升，同时，疫苗贮存与运输要求的提高，使得相应的成本也在不断增加，因此，为确保采购疫苗的质量，要根据疫苗成本变动情况，及时调整疫苗补贴标准，加快建立疫苗补贴与疫苗价格联动机制。应按照地方畜牧业发展情况和对社会畜产品的贡献率，科学确定畜禽强制免疫疫苗补助额度，加大对畜牧业主产区扶持力度，充分体现国家财政政策导向。

（二）完善动物扑杀补偿办法，提高补助标准

实施扑杀是有效控制、净化和消灭动物疫病的手段，也是今后动物疫病防控工作的重点之一，为此要加大对动物扑杀的补贴力度。要尽快出台强制扑杀动物、销毁动物产品和相关物品的补偿标准和办法，建立完善扑杀动物补助价格评估机构与评估办法，提高补贴标准和扩大覆盖面，逐步建立起政府补贴为主，政策性农业保险、养殖合作组织互助资金等为补充的扑杀补偿机制。

（三）明确养殖环节病死动物无害化处理要求，加大公共财政补助力度

首先，养殖企业应按法律规定和规模化养殖场建设要求，建设完善无害化处理设施，公共财政可视情况酌情给予补助。对规模化养殖场养殖环节病死动物无害化处理费用，建议参照商务部与财政部联合出台的《生猪定点屠宰厂（场）病害猪无害化处理管理办法》确定的补贴标准，享受公共财政病害动物损失补贴和无害化处理费用补贴，并将补贴动物的种类扩大到除猪以外的其他畜禽。其次，在县域范围应由公共财政投入建设相应的无害化处理设施，为区域内散养户的病死动物提供处理场所，由公共财政承担相应的无害化处理费用，并参照《生猪定点屠宰厂（场）病害猪无害化处理管理办法》的相关办法与标准，对病害动物给予适当补助。第三，对无主的病死动物或死因不明动物明确由辖区动物卫生监督机构进行无害化处理，并由公共财政解决处理经费和工作经费，以确保无害化处理工作的顺利开展。

（四）规范强制免疫应激死亡补偿行为，明确补偿主体和标准

产生免疫副反应除了疫苗本身质量外，更多的是与免疫注射应激、免疫动物健康情况等综合因素有关，为此，在加大免疫技术培训力度的同时，还要建立免疫副反应认定和补偿机制，以保障养殖户利益，消除养殖户顾虑，推进免疫工作顺利开展。为此，首先应建立相应的评估机构；其次，明确主要由疫苗生产企业承担强制免疫造成应激死亡的补偿费用，政府补助和政策

性农业保险给予适当补充，强化疫苗生产企业的产品质量安全意识，保证疫苗的质量；再次，强制免疫应激死亡补助标准应与动物扑杀补助一样。

（五）健全村级防疫员的考核机制，提高补助标准

村级动物防疫工作属于社会公益服务，其工作好坏相当程度上取决于相应政策机制的健全和完善。随着免疫注射劳动力成本的不断提高，村级防疫员收入保障压力不断加大，而且工作量也随着疫病防控需要不断增加。在目前基本工资、社会保障、养老保险无法保证的情况下，免疫注射补贴收入是基层防疫员的主要收入来源。提高补贴标准，有利于稳定防疫员队伍，提高动物防疫员的积极性，确保重大动物疫病防控工作的有效开展。一方面要提高现有补助标准，稳定工作队伍；另一方面要加强业绩考核，根据完成强制免疫等工作的质量与数量，进行考核评估，建立后补助机制，调动工作积极性，增强工作责任心。

（六）适时增加补贴内容，扩大补贴覆盖面

根据防控新形势新要求，应不断增加补贴项目。目前需要增加的补贴项目有三：一是增加新城疫疫苗和免疫注射补贴。新城疫是一种没有列入国家强制免疫疫病范畴的重大动物疫病，其疫苗大都由养殖户自行采购，疫苗质量无法保证，加之该病无免疫注射补贴，导致该病免疫效果不佳，造成了防控隐患。二是增加监测采样补贴。尽管养殖户有配合疫病监测采样的义务，但在实际操作中，由于采样会造成畜禽生产水平下降等不利影响，养殖户对采样工作具有抵触情绪，监测采样难度日趋加大。为此，建议增加一定的监测采样补贴。三是增加冷链等设施设备补贴。由于千家万户散养方式难以在短期内得到彻底改变，加之部分地区乡镇行政区划合并调整，防疫员工作区域不断扩大，工作难度随之增加，为此，建议增加防疫工作所必需的冷链设备、交通工具、采样工具、防护用品等设施设备补贴，保证每位防疫员配备1个疫苗冷藏箱包、1辆电瓶车、1套采样工具和相关防护用品。

三、明确中央事权、地方事权与养殖主体经费投入的责任

（一）处理好中央事权与地方事权关系，明确各自投入重点

防控重大动物疫病、促进畜牧业健康发展、提高公共安全水平、保证动

物产品质量安全是全社会共同的职责，为此应借鉴国外的经验，探索政府、企业、社会多方的投入机制。根据动物疫情的严重程度、发生范围等，结合动物产品产值比例、动物数量等指标，设计相应的权重，确定政府、企业与相关利益方应承担的防疫经费比例和金额，力求形成与事权相一致、相对合理、可操作的防疫经费分摊体系。中央财政在实施动物防疫环节各类补助、科技计划和各类专项等方面，应加大转移支付的力度，弥补基层动物防疫技术支撑机构、检疫检验检测机构等人员经费与运转经费的不足。地方财政应在保证基层人员和工作经费的基础上，根据本地疫情发生规律，重点投入，并对国家建设项目给予必要经费配套，确保运行。要坚决落实国务院确定的动物防疫工作责任制，明确企业、协会、养殖户的防疫责任和义务。养殖企业要结合本企业畜牧养殖需要，加大投入力度，强化防疫基础建设。

（二）减少地方财政尤其是中西部地方财政的配套比例

就动物防疫体系建设而言，过高的地方配套比例，挫伤了部分地区的积极性，影响防疫体系的建设，甚至出现了经济条件好而动物防疫体系基础设施建设落后的局面。建议必须根据动物疫情的严重程度、发生的范围、地方财政的实际情况等，合理确定中央与地方财政资金的分摊比例，逐步加大中央财政投入力度，适当减少地方财政特别是经济不发达省份的配套比例。

（三）发挥财政资金对养殖企业疫病防控投入的引导作用

各级财政资金通过支持养殖小区建设等途径，实施对养殖企业的支持，对完善养殖企业的综合生物安全措施发挥了积极作用。建议在现有财政支持规模基础上，通过增加养殖小区建设补贴、强制免疫疫苗补贴、动物扑杀与无害化处理补偿等投入，引导养殖企业加大动物疫病防控方面的投入。同时加强对养殖企业在动物疫病防控设施建设、技术人员配备、免疫效果检测、无害化处理、消毒处理、环境卫生等方面工作的监管，在人员培训、疫病防控技术等方面为企业提供服务，在疫情监测、重大疫情处置等方面加强对企业的指导。

（四）持续资金投入以适应动物防疫新形势的需要

技术壁垒已成为国际贸易壁垒和双边政治对话中的筹码。以兽药残留为例，发达国家不断提高兽药残留限量标准，设置技术障碍，使得我国的畜产品出口受阻，在国际上总处于被动的地位。各地经济发展水平不一致，开展实验室监测、检测的能力也不平衡，对仪器设备的品种、数量、规格、质量需求有所差异。为了赢得主动，提高畜产品竞争力，我国需要持续投入，不断更新检测方法和仪器设备等技术手段，以适应形势的变化。应根据动物防疫工作实际需要，加大投入力度，适当增加基层能用、好用、使用频率高的仪器设备，如检疫工作箱、快速检测箱及移动快速检测车辆等。

四、加强动物防疫体系建设项目的管理

（一）科学合理地做好规划编制工作

科学可行的规划是做好项目建设的前提，规划应从畜牧业生产规模和防疫工作的实际出发，确定投资规模、建设标准和建设内容，实现投资效益最大化。在规划编制过程中要处理好规划与项目的关系，规划应对新时期的全国动物防疫体系建设做出整体安排，对投资总量和建设目标等做出规定，而具体的建设内容和投资标准要根据实际情况确定，对项目的建设内容不能"一刀切"。

（二）加强对财政资金投入效益的评价

为提高兽医工作公共财政支出的使用效益，科学、合理使用财政资金，应对财政资金使用强化绩效目标管理，加强绩效运行跟踪，定期实施绩效评价。项目在实施过程中，要严格执行项目工程招投标制、施工建设合同制、工程施工监理制及项目验收审计制等"四制"，既保证项目建设的质量，也确保项目按期运行。中央用于仪器设备购置的资金，可由省业务部门统一招标采购仪器设备，尽可能减少中间环节，减少资金截流的可能，提高财政支持效果。此外，应改革财政资金的支出方式，对资金的使用情况实行审计监督及效益评价，可参照发达国家兽医财政支持方式，建立预算制度、审计制度、应急基金、评估制度、应急预案和分摊机制。同时，在增加投入的同时应加强经费的管理，建立专用账户，实行专款专用，封闭运行。有关部门要加强对兽医工作财政投入资金的审核，规范资金使用程序，及时查处违反财政资金管理规定的单位和个人，确保资金安全运行，发挥应有作用。通过有效的监督，提高各级财政资金投入兽医事业发展所产生的效益。

附录A

有关调研问卷

附录 A-1 村级防疫员问卷

为了深入了解我国兽医事业的财政支持状况，逐步解决兽医事业的财政支持问题，为"十二五"期间兽医事业的长足发展提供科学的决策依据，由农业部兽医局组织农村经济研究中心等单位的专家组成课题组，拟对财政支持兽医事业发展情况开展专题研究。为了完成此项研究，设计此表。

姓名：_____

所在地：_____省_____县_____乡_____村

电话：_____

一、基本情况

（1）性别_____，年龄_____岁，文化程度_____（请选择：A. 小学、B. 初中、C. 高中、D. 大学)，已经从业_____年。

（2）2010 年收入来源情况：财政给予的村级防疫员补贴_____元，扣除成本以后的诊疗费收入_____元，务农收入_____元，其他收入_____元。

二、职责范围

（1）村级防疫员是否跟上级动物防疫部门签订了聘用合同？

A. 是　　　B. 否

（2）是否明确作为村级防疫员的主要职责？

A. 明确　　B. 不太清楚

（3）本行政村有_____名村级防疫员，其中_____名有政府的补贴，_____名没有补贴。

（4）2010 年 底，全 村 存 栏 _____ 头 奶 牛、_____ 头 生 猪、_____只羊，饲养了_____只鸡、_____鸭。

（5）防疫工作的职责如何划分？

    A. 全部是防疫员自己去防疫

    B. 部分防疫由农民自己做，防疫员只是去检查一下

    C. 规模养殖场的防疫工作由其自己完成，其余散养户的防疫工作由防疫员完成

（6）乡镇是否定期或不定期抽查村级防疫员的工作情况？

    A. 抽查   B. 不抽查

三、经费保障

（1）村级防疫员的工资是一年一发，还是一月一发？

    A. 一年发一次   B. 一月发一次   C. 其他

（2）村级防疫员的工资是否足额发放到位？

    A. 足额   B. 政府会扣一部分

    C. 由于工作没有做好可能会少发

（3）村级防疫员是否购买了意外伤害保险？

    A. 已购买   B. 没有购买

（4）如果购买了意外伤害保险，是谁提供的资金？

    A. 个人   B. 地方财政   C. 个人和地方财政各出一部分

（5）是否愿意继续从事村级防疫员的工作？

    A. 是   B. 否   C. 只有收入再提高些才愿意做

四、服务手段

（1）村里是否有专门的动物疫病诊疗室？

    A. 是   B. 否

（2）近 5 年，上级防疫部门是否为村级防疫员提供必要的防疫器械？

    A. 是   B. 否

（3）上级下发的防疫疫苗是否够用？

    A. 够   B. 不够，略有缺口

（4）最近 5 年内是否接受过兽医事业部门的培训？

  A. 是 B. 否

五、其他

（1）近 5 年，本村是否发生了大规模的动物疫情？

  A. 是 B. 否

（2）动物无害化的经费来自哪里？

  A. 村级防疫员自己贴钱 B. 地方财政给钱

  C. 养殖者个人承担 D. 保险公司承担

（3）全村有_____户加入了养殖业专业合作社，其防疫工作由谁来完成？

  A. 村级防疫员 B. 农民专业合作社派人 C. 农民自己

（4）全村有_____户加入了养殖业龙头企业，其防疫工作由谁来完成？

  A. 村级防疫员 B. 农业产业化龙头企业派人 C. 农民自己

（5）希望政府有关部门帮你解决什么问题？

附录 A－2 乡镇畜牧兽医站情况问卷调查

  为了深入了解我国兽医事业的财政支持状况，逐步解决兽医事业的财政支持问题，为"十二五"期间兽医事业的长足发展提供科学的决策依据，由农业部兽医局组织农村经济研究中心等单位专家组成课题组，拟对财政支持兽医事业发展情况开展专题研究。为了完成此项研究，设计此表，请有关县（市）畜牧兽医主管部门配合填报。

  填表所在单位：_____省_____县_____乡（镇）

  填报人姓名：_____ 联系电话：_____

一、乡镇基本情况

（1）全乡镇共有行政村_____个，总人口_____万人。

（2）2010 年农民人均纯收入_____元。

（3）2010 年底存栏动物总数_____万头，其中猪_____万头，牛_____万头，羊_____万头，三禽_____万羽，马属动物_____万头，其他动物_____万头。

（4）2010年全年出栏动物总数_____万头，其中猪_____万头，牛_____万头，羊_____万头，三禽_____万羽，马属动物_____万头，其他动物_____万头。

（5）近三年，全乡镇动物疫情报告数量_____单位，早期报告动物疫病发生数量占报告总数_____%，报告疫情中，可追溯疫源的比例为_____%。

（6）近三年，全乡镇强制免疫及补免覆盖率_____%。

二、乡镇畜牧兽医站性质及人员编制情况

（1）畜牧兽医站属于：

　　A. 全额拨款事业单位　　　B. 差额拨款事业单位

　　C. 自收自支事业单位。

（2）官方兽医与经营性服务是否完全剥离？

　　A. 是　　B. 否

（3）畜牧兽医站核定编制_____人，实有工作人员_____人，其中在岗在编_____人，临时聘用人员_____人，大专以上学历_____人，中级及以上职称_____人。

（4）全乡镇具有执业兽医资格_____人。

三、乡镇畜牧兽医站经费保障情况

1. 人员经费保障情况

（1）2010年，人员经费财政补助总额_____万元，其中：县及以上政府财政补助_____万元，乡镇政府财政补助_____万元，本站自筹_____万元。

（2）2010年，人员经费支出总额_____万元，其中：人员工资福利_____万元，各类保险_____万元。

2. 防疫工作经费保障情况

（1）村动物防疫员补助经费发放标准为每人_____元/年，其中县（市）及以上财政补助_____元、乡镇财政补助_____元、乡镇兽医站补助_____元、村委会补助_____元。

（2）2010年，强制免疫疫苗经费_____万元，其中县及以上财政补助_____万元，乡补助_____万元。

（3）应激死亡补助及扑杀补偿，按照市场价的_____％标准补偿，其中县及以上财政补助_____万元，乡镇补助_____万元，兽医站自筹_____万元。

（4）病畜禽无害化处理经费补助_____万元，其中县及以上财政补助_____万元，乡镇补助_____万元，兽医站自筹_____万元。

（5）2010年，日常疫病防控工作经费财政预算补助_____万元，实际经费支出_____万元，若有超支，超支弥补来源为_____。

（6）2010年，用于动物防疫员业务培训费用支出_____万元，其中县及以上财政补助_____万元，乡镇财政补助_____万元，兽医站自筹_____万元。

3. 基础设施建设经费保障情况。

（1）是否解决乡镇兽医站办公场所？

    A. 是   B. 否   C. 正在建设

若未解决，原因是：

    A. 没有资金   B. 没有必要   C. 其他_____

（2）是否配备乡镇动物疫苗冷链体系？

    A. 是   B. 否   C. 正在建设

若已配备，投入经费_____万元，其中县及以上财政补助_____万元，乡镇财政补助_____万元；若未配备，原因是：

    A. 没有资金   B. 没有必要   C. 其他_____

（3）是否建有乡镇兽医实验室？

    A. 是   B. 否   C. 正在建设

若已建成，投入经费_____万元，其中县及以上财政补助_____万元，乡镇财政补助_____万元；若未建设，原因是：

    A. 没有资金   B. 没有必要   C. 其他_____

（4）是否配备专用检测、监测设备及试剂等专用材料？

    A. 是   B. 否   C. 正在建设

若已配备，投入经费_____万元，其中县及以上财政补助_____万元，乡镇财政补助_____万元；若未配备，原因是：

    A. 没有资金   B. 没有必要   C. 其他_____

（5）在实际动物防疫工作中还需要投资的基本建设项目有哪些?

　　　　A. _____　　　B. _____　　　C. _____

四、养殖环节病死动物无害化处理调查

（1）请根据 2010 年全年养殖环节病死动物及其无害化处理情况完成表 1。

表1　2010 年养殖环节病死动物及其无害化处理情况

	病死动物数（头、羽）		病死动物处置方式与数量（头、羽）			
	传染病	非传染病	焚毁	掩埋	化制	其他
猪						
牛						
羊						
禽						
马属动物						
其他动物						
合　计						

注：机械致死等非因病死亡动物不计算在内。

（2）2010 年全年动物卫生监督机构查获经营、运输病死或死因不明动物数量_____万头，其中猪_____万头，猪产品_____万千克；牛_____万头，牛产品_____万千克；羊_____万头，羊产品_____万千克；三禽_____万羽，三禽产品_____万千克；马属动物_____万头，马属动物产品_____万千克。

（3）2010 年全年动物检疫检出病害动物数量_____万头，其中猪_____万头，猪产品_____万千克；牛_____万头，牛产品_____万千克；羊_____万头，羊产品_____万千克；三禽_____万羽，禽产品_____万千克；马属动物_____万头，马属动物产品_____万千克。

附录B

全国兽医事业发展"十二五"规划（2011—2015年）

第一章　"十二五"时期兽医事业发展面临的形势

一、发展现状

"十一五"时期，在党中央、国务院的正确领导下，各级党委政府高度重视兽医事业发展，加强对兽医工作的领导；各级兽医部门坚持改革创新，全力推进各项重点工作；全国兽医工作者奋力拼搏，辛勤工作，我国兽医事业发展取得了显著成就。

兽医法规体系和机构队伍不断健全。及时修订《动物防疫法》，制定《重大动物疫情应急条例》，颁布实施《动物检疫管理办法》、《动物诊疗机构管理办法》、《执业兽医管理办法》、《兽用生物制品经营管理办法》等配套规章。初步建立起以《动物防疫法》为核心、基本适应兽医工作发展需要的兽医法律法规体系。兽医管理体制改革全面推进，省、市、县三级兽医行政管理、动物卫生监督和动物疫病预防控制三类工作机构建立健全，基层动物防疫公共服务机构普遍健全，按照乡镇或者区域设置乡镇畜牧兽医站3.4万多个。新型兽医队伍建设初见成效。执业兽医资格考试全面实施，执业兽医资格准入管理制度基本建立；官方兽医培训全面开展，官方兽医制度建设稳步推进。兽医协会等行业自律组织建设取得突破。

兽医事业发展基础保障能力进一步提高。国家实施《全国动物防疫体系建设规划》，累计投入资金83.8亿元（其中：中央投资64.3亿元，地方投资 19.5 亿元），初步形成了覆盖全国的中央、省、县、乡四级防疫网络，初步建立了动物疫病监测预警、预防控制、检疫监督、兽药监察、防疫技术支撑和物资保障等系统。同时，中央出台动物防疫强制免疫补助、强制扑杀补贴、基层动物防疫工作补助政策，中央财政累计投入经费 154 亿元，各地财政每年落实工作经费约 60 亿元，保证了动物防疫措施的有效落实。

动物疫病防控成效显著。动物疫病防控方针、基本原则、综合防控措施不断完善。有效控制高致病性禽流感、口蹄疫、高致病性猪蓝耳病等重大动物疫病，通过无牛瘟状态国际认可，顺利推进无牛肺疫认可，基本消灭马鼻疽、马传贫，成功堵截疯牛病、非洲猪瘟等外来动物疫病于国门之外，家畜血吸虫病疫情降至新中国成立以来最低。无规定动物疫病区示范区建设取得突破性进展，海南免疫无口蹄疫区建成，广州亚运无规定马属动物疫病区建成并得到国际认可。

动物产品安全监管水平逐步提高。动物卫生监督机构对生猪定点屠宰场屠宰生猪全面实施检疫。动物标识及动物产品追溯体系建设初见成效，生猪耳标佩戴率达 70%。兽药产业迅速发展，审批管理不断规范，兽药监管日趋严格，兽药产品质量抽检合格率提高到 92.7%，动物产品兽药残留抽检合格率连续五年保持在 99% 以上。

兽医科技进步显著。兽医科研机构功能齐全，科技决策和咨询机制逐步完善。动物疫病国家参考实验室、各级各类兽医专业实验室分工协作的实验室网络体系初步形成。兽医专家队伍建设明显加强，领军人才成长迅速。高新技术快速发展，多个重大动物疫病疫苗相继研制成功，其中禽流感疫苗研制达到国际领先水平。发布国家标准和行业标准 84 项，取得发明专利 154 项，兽医领域有 6 项成果获得国家级科技奖励。

国际交流合作取得新突破。成功恢复我在世界动物卫生组织（OIE）合法权益，我 OIE 代表当选 OIE 亚太区委员会副主席，国家禽流感参考实验室被指定为 OIE 参考实验室。与联合国粮农组织（FAO）、世界银行（WB）在华兽医项目合作日益深入。推动国际社会完善重大动物疫病防控交流与合作机制，积极推进区域联防联控。在国际兽医领域话语权明显增强，在区域兽医合作中逐步发挥引领作用。

兽医事业发展取得的显著成就，有力地保障了畜牧业生产安全、动物产品消费安全和公共卫生安全，为农业农村经济发展和社会主义和谐社会建设做出了积极贡献。

二、发展环境

综合内外部环境分析，"十二五"期间兽医事业发展机遇与挑战并存。必须全面把握兽医事业发展面临的新形势，紧紧围绕国家经济社会发展总体要求和农业农村经济发展中心任务，全面调动兽医事业发展的积极因素，充分释放兽医事业发展的强劲活力，实现兽医事业全面发展。

（一）外部环境

综合国力增强将为加强兽医公共服务提供坚强保障，传统畜牧业向现代畜牧业转变将为动物疫病防控和产品安全监管提供有利条件，全社会对食品安全和公共卫生问题的关注将为改进和支持兽医事业发展营造良好氛围，我国兽医工作全面纳入世界兽医体系将为兽医事业发展提供广阔的国际舞台。同时，国内外动物疫情形势依然复杂严峻，动物产品消费数量需求和质量要求越来越高，畜禽小规模养殖占比高、动物和动物产品大流通的格局短期内难以根本改变，动物和动物产品国际贸易环境日益复杂，国际社会以动物、人类和自然和谐发展为主题的兽医工作新理念对兽医工作提出了更高要求。必须立足经济社会发展全局，统筹国际和国内对兽医工作的要求，充分利用各种有利条件，加快形成有利于兽医事业全面发展的外部环境。

（二）内部环境

多年的实践为进一步推动兽医事业发展提供了宝贵经验，兽医法规标准体系不断健全为兽医事业发展提供了基本的制度基础，兽医管理体制改革稳步推进为兽医事业发展提供了坚强的组织保障，公共财政投入力度不断加大为兽医事业发展提供了必要的资金支持，兽医科技进步和自主创新能力提高为兽医事业发展提供了有力的技术支撑。同时，兽医法律体系需要进一步健全，兽医管理机制尚需完善，队伍素质有待提高，兽医工作公共财政投入长效机制有待健全，兽医科技进步基础有待进一步加强，动物疫病防控机制有待转变，动物卫生监督执法机制有待完善，兽药产业结构和竞争力有待提升。必须科学判断和准确把握发展趋势，统筹当前和长远兽医事业发展需要，加快解决突出矛盾和问题，充分调动有利于兽医事业全面发展的内部因素。

第二章　"十二五"时期兽医事业发展的总体要求

一、指导思想和基本目标

"十二五"期间兽医事业发展，必须高举中国特色社会主义伟大旗帜，以邓小平理论和"三个代表"思想为指导，深入贯彻落实科学发展观，以有效控制动物疫病和保障动物产品质量安全为目标，着力推动实现重点疫病从有效控制到逐步根除的质的跨越，着力推动实行动物产品质量安全全过程监管，着力推动建成与国际接轨的新型兽医制度，进一步从政策法规、体制机制、人才队伍和基础保障等方面夯实兽医工作基础，加快兽医工作方式转变，促进兽医事业科学发展，确保动物产品生产供应安全、动物产品质量安全和公共卫生安全，为建设社会主义新农村和社会主义和谐社会做出新贡献。

按照确保畜产品生产供应安全、质量安全和公共卫生安全，以及到2020年实现重点动物疫病从有效控制向逐步消灭质的转变目标的要求，综合考虑未来发展趋势和条件，"十二五"时期兽医事业发展基本目标是：兽医法律法规体系进一步完善；兽医管理体制改革深入推进，兽医公共财政保障机制基本建立；动物疫病防控机制进一步完善，责任体系进一步明确，消灭马鼻疽等1~2种动物疫病，努力实现重大动物疫病免疫临床无病，祖代以上鸡场、原种猪场重点动物疫病达到净化标准；动物卫生监督执法能力明显提升，兽药产品质量稳步提高，动物产品兽药残留监管能力显著增强，兽药产品质量抽检合格率保持在90%以上，畜禽产品兽药残留检测合格率保持在99%以上；兽医科技进步与自主创新能力显著提高；兽医人才队伍素质进一步提高；兽医领域国际交流合作不断深入。

二、基本原则

——坚持依靠科学，不断提高兽医工作科学技术水平。必须依靠科技进步，推动兽医事业发展上层次、上水平；必须依靠科技进步，有效防治重大动物疫病、保障动物产品质量安全；必须进一步提升科学决策水平，解决制约兽医事业发展的各种问题。

——坚持改革创新，推进兽医工作法制化、规范化、标准化建设。创新兽医工作理念，进一步健全兽医机构，加强兽医队伍建设，继续推进新型兽医制度建设。进一步完善兽医事业发展公共财政投入机制。毫不动摇地落实国务院确定的动物防疫工作责任制。进一步完善兽医法律法规体系，推动行之有效的政策法制化。

——**坚持预防为主，牢牢把握兽医工作主动权。**"预防为主"始终是兽医工作方针，必须围绕这一方针，牢固树立"防重于治"的观念，不断完善风险管理、监测预警机制，提高全社会防治动物疫病、监督动物产品质量安全的意识，有效提高动物卫生和公共卫生安全水平。

——**坚持依法行政，进一步明确兽医部门承担的社会管理和公共服务职责任务。**贯彻落实科学发展观，坚持以人为本，把兽医工作纳入公共卫生的管理范畴，准确定位政府的兽医公共服务职责，履行好政府社会管理和公共服务的重要职责，明确企业、养殖户的责任和义务。

第三章 "十二五"时期兽医事业发展的主要任务

一、完善兽医管理体制机制

深入贯彻落实国务院关于兽医管理体制改革的一系列决策和部署，坚持改革的方向不动摇、改革的力度不降低，在巩固现有改革成果基础上，继续采取积极有效措施，深入推进兽医管理体制机制创新。

健全完善兽医工作机构。处理好中央政府与地方政府事权划分，充分发挥中央和地方兽医工作机构两个积极性。处理好行政部门与事业单位的职能界定，建立健全既相对独立、又相互配合的兽医工作新机制。理顺动物卫生监督执法与动物防疫技术支撑职能，进一步调整中央级兽医事业单位职能，形成监督执法、技术支持既相对独立、又分工协作的新格局。整合畜牧兽医部门执法力量，全面推进基层畜牧兽医综合执法，增强兽医卫生监管能力。将兽医公共服务与兽医社会化服务有机结合起来，处理好政府兽医工作机构和社会化兽医服务组织的关系，创新兽医工作体制机制。

健全完善兽医工作机制。完善兽医工作机构运行机制，借鉴 OIE "兽医体系运作成效评估工具（PVS）"，研究制定适合我国特点的兽医机构建设管理规范，明确各级各类兽医工作机构的工作职责、工作要求，细化兽医工作机构考核评价指标体系，促进兽医机构规范化、标准化建设。科学界定政府、部门和管理相对人在动物防疫中的责任，严格落实动物、动物产品生产经营者防疫和产品质量安全第一责任人制度，强化兽医部门动物防疫监督管理和兽医公共服务职能。

二、启动实施国家动物疫病防治中长期战略

坚持"加强领导、密切配合，依靠科学、依法防控，群防群控、果断处置"方针。着力构建防控结合、科学规范、责任明确、处置高效的动物疫病防控体系，建立健全动物疫病防控长效机制，完善动物疫病防控策略机制，制定并启动实施国家动物疫病防治中长期规划，有计划地控制、消灭和净化对畜牧业生产和人民群众健康安全危害严重的动物疫病。

逐步控制和扑灭重点动物疫病。有计划地控制、净化、消灭对畜牧业和公共卫生安全危害大的重点病种，对优先病种率先启动单项防治计划。完善动物疫病监测和流行病学调查机制，定期评估动物卫生状况，适时调整防治策略，严格执行疫情报告制度，推进重点病种从免疫临床发病向免疫临床无病例过渡，力争消灭马鼻疽。口蹄疫等重大动物疫病达到控制标准，部分区域猪瘟、家畜布鲁氏菌病达到净化标准，部分区域狂犬病达到控制标准。

加强疫病源头控制。健全种用动物健康标准，实施种畜禽场疫病净化计划；定期实施动物健康检测，推行无特定病原场（群）和生物安全隔离区评估认证计划；引导养殖者实施封闭饲养，统一防疫，定期检测，严格消毒，降低动物疫病发生风险。

加强外来动物疫病风险防范。健全跨境动物疫病风险防范机制，建立健全边境疫情监测制度和突发疫情应急处置机制，强化边境疫情巡查，加强边境地区联防联控，强化技术和物资储备，建立国家边境动物防疫安全屏障。

三、推进动物卫生监督执法

坚持"依法行政、科学检疫、过程监管、风险控制、区域化和可追溯管理相结合"，以完善动物卫生监督法规制度体系为基础，以健全动物卫生监督执法队伍为保障，以创新动物卫生监督工作机制为重点，提高执法能力，规范执法行为，加大执法力度，积极推进无规定动物疫病区建设和动物标识及动物产品追溯体系建设。

推进动物产品安全全程监管。强化养殖场（小区）动物防疫条件审查

和动物养殖日常监管。加大养殖过程兽药使用和休药期执行监管力度。探索建立疫病流行状况不同区域的动物和动物产品市场准入卫生条件。建立动物卫生监督、动物跨省调运管理制度。规范屠宰检疫。着力提高兽药残留和细菌耐药性检测能力。逐步推行动物及动物产品安全全程监管和风险管理。鼓励养殖、运输、屠宰、加工从业人员提高动物卫生保护水平和动物福利水平。

加强动物卫生监督管理工作。继续推进动物卫生监督执法体系建设，提高人员素质，提升动物卫生监督执法能力和水平。制定完善动物卫生监督执法人员管理规范，建立健全动物卫生监督执法目标管理与绩效考核评价机制。加强动物诊疗机构和执业兽医、乡村兽医自律及管理，规范动物诊疗行为和执业行为。加强兽医实验室管理，切实防范生物安全风险。积极推进畜牧兽医综合执法，加强基层执法力量建设，加大对违法行为打击力度。

推进追溯体系建设和区域化管理。继续推进动物标识及动物产品追溯体系建设，提高耳标佩带率及信息采集传输量，实现中央、省级数据中心互联互通和跨省流通动物快速追踪溯源。支持和鼓励无特定病原场、生物安全隔离区和无规定动物疫病区建设。积极推进无疫区示范区和有条件地区的评估认证，适时推动已建成无疫区的国际认可。

四、全面提升兽药监管能力和水平

以转变兽药行业发展方式为主线，以满足动物疫病防治需要、保障动物产品质量安全和公共卫生安全为出发点和落脚点，健全兽药行政管理、技术支撑体系，完善法规标准，加强产业结构调整和科技创新，促进兽药行业健康发展。

建立健全兽药监管和技术支撑体系。制定实施兽药产业政策，加强政策引导，优化兽药产业结构。完善兽药行政审批制度和工作程序，建立健全兽药行政审批责任制。完善兽药标准管理法规和工作程序，积极推进兽药标准物质的制备、供应和使用。完善新兽药安全评价标准，建立不良反应检测和报告体系。建立兽药风险评估体系。提高基层兽药检测检验能力。加强兽药残留研究和检测，完善兽药残留限量标准和兽药残留检测方法。

加强兽药监管。建立兽药生产动态监管制度，完善兽药生产企业退出机制。全面实施兽药经营质量管理规范（GSP），规范兽药经营活动。完善兽药监督抽检制度和执法联动机制，提高抽检工作效能。推行兽医处方药与非处方药分类管理制度。探索建立兽药使用评价体系。积极推进国家兽药监管信息系统建设，促进政务公开，提高兽药监管工作质量水平和效率。

五、加快推进新型兽医制度建设

全面实施兽医人才战略，建设一支人员充足、结构合理、素质优良的兽医人才队伍。

推进兽医人才队伍建设。坚持"立足当前、着眼长远，突出重点、稳步推进"，推进实施官方兽医和执业兽医制度。以确认官方兽医资格为基础、以加强官方兽医培训为重点，稳步推进官方兽医制度建设。做好执业兽医资格考试工作，加强执业兽医资格准入管理，强化执业兽医注册审查。严格规范兽医服务行为。研究推动建立执业兽医诚信体系，规范兽医服务行为，构建执业兽医管理长效机制。加强行业自律管理，充分发挥行业自律组织在兽医服务体系建设中的作用。按照"稳定队伍、提升能力、推进专业化"要求，加强乡村兽医队伍建设和管理，全面开展乡村兽医培训，健全完善基层动物防疫工作经费补助政策。逐步建立新型兽医人才培养机制和经费保障机制，将兽医队伍培训纳入各级财政保障。建立兽医人才队伍信息化管理库，逐步推进信息化、自动化和网络化管理。

培育和支持发展社会化兽医服务。加快培育动物诊疗市场，特别是要健全完善乡村兽医服务体系，积极支持、鼓励和引导动物诊疗机构多元化发展，不断探索创新动物诊疗机构管理模式。规范城市宠物诊疗市场，加快培育农村动物诊疗市场，充分发挥动物诊疗机构和兽医服务人员在基层动物防疫工作中的作用。

六、加快兽医科技进步

进一步加强兽医科技人才队伍建设，增强自主创新能力，加强兽医基础研究、应用研究、集成示范研究，加强科技推广、科技成果转化，提高兽医科技整体水平，为兽医事业发展提供更加坚实的科技保障。

创新兽医科技发展机制。坚持把服务兽医事业健康发展作为兽医科技工作的出发点和落脚点，努力构建产学研相结合的兽医科技创新体系；充分利用并全面整合现有高等院校、科研院所、各级动物疫病预防控制机构的实验室资源，形成运转高效、支持有力的兽医实验室体系；加快建立科研信息社会共享机制，完善兽医科技推广服务平台；切实加强兽医、卫生、林业等领域机构及专家交流协作，共同开展交叉学科的联合攻关，努力构建跨学科合作平台。建立以政府投入为主导、社会投入为补充，有效引导企业和社会资金投入的经费保障机制，促进建立合理的科研成果评价机制。

突出兽医科技发展重点。加强基础研究、集成应用研究、软科学研究，引导各方面资源，对涉及兽医事业发展的重大问题开展持续深入研究。加强重大动物疫病和外来动物疫病致病机理、多病原互作机制、免疫机制、流行病学为重点的基础研究，动物卫生风险分析、经济学评估、主要动物疫病防治规划等为重点的软科学研究，疫病防控模式、区域化管理、诊断试剂和新型疫苗、兽药残留及耐药性的风险与控制、兽药质量评价与检测技术等为重点的集成应用研究。

扶持中兽医、中兽药发展。遵循中兽医、中兽药发展规律，做好继承和发展工作。积极推广中兽医、中兽药适用技术，充分发挥在临床诊疗中的作用；促进中兽药现代化及产业化发展；加强中兽医、中兽药文化建设，做好中兽医、中兽药理论、文献、古籍的继承研究工作，推动中兽医、中兽药国际化。

七、深化兽医国际交流合作

坚持"有予有取、合作共赢"，提高我参与国际兽医事务能力，增强在全球动物卫生领域声音，加快构建跨境动物疫病联防联控机制，在地区和全球兽医事务中发挥更大作用。

全面深入参与兽医领域国际事务。坚持行使权利与履行义务的有机统一。严格遵守世界贸易组织（WTO）和OIE等国际组织规则，及时准确地通报动物疫情信息，分享动物疫病防控和动物源性食品安全管理技术资源。进一步加大动物产品贸易谈判和国际规则标准制定的参与力度。全面深入研究OIE、国际食品法典委员会（CAC）有关标准规则，跟踪国际标准规则制修订动态，及时提出我国的立场和主张，拓宽动物和动物产品贸易调控空间，维护国内产业利益。

统筹推进国内兽医工作与国际接轨。加强国际兽医事务人才队伍建设，加强兽医参考实验室建设。充分调动各级各类兽医研究机构的积极性，大力加强对外交流合作，逐步将我国兽医参考实验室建设成为兽医科研信息、资源集聚推广平台，先进技术引进、消化、吸收和再创新平台，国际兽医卫生标准规则制（修）订技术支撑平台。设立专门联系点和工作组，培养国际兽医卫生标准规则专家队伍，及时了解、全面掌握 OIE、FAO、CAC 等国际组织相关工作领域发展动态，采取有力措施，加快国际标准规则在我国的推广应用，促进我国兽医工作与国际接轨。

强化双边和多边合作。加强与周边国家的合作，健全跨境动物疫病联防联控机制，促进动物防疫关口前移，保障我国养殖业和兽医公共卫生安全。建立完善我国与周边国家兽医管理部门对话机制，及时准确通报动物疫情信息，增进兽医机构和人员交流，积极磋商双边多边动物检疫问题，推动动物及动物产品出口。支持兽医科研机构、兽医药品和兽医生物制品生产企业国际化发展，深化与有关国家在兽医诊断、兽医生物制品研究、推广、生产和应用等领域的合作，促进我国兽医相关产业"走出去"。

第四章　"十二五"时期兽医事业发展的保障措施

一、健全兽医法规标准体系

按照适应经济社会发展水平、符合中国特色社会主义法律体系框架、满足兽医事业发展需要的要求，加强兽医立法的计划性、科学性，提高立法质量，及时将成熟的政策、标准规范化、制度化，着力构建法制健全、政策有力、符合实际、切实可行，既与国际规则接轨，又适应我国国情的兽医政策法律体系。

以兽医行业管理为重点，健全完善兽医法律法规。修订完善配套法规规章。加快地方性法规和政府规章立法，建立健全兽医法规规章体系。积极推进兽医法律法规立法后评估和执法检查工作。

健全技术标准和规范制（修）订工作机制，规范制（修）订工作程序，努力提高技术标准和规范的科学性、先进性和适用性。加强技术标准和规范制定工作的国际合作和交流。强化技术标准和规范的动态管理。

二、构建财政支持长效保障机制

坚持"突出重点、注重效率、优化结构"，建立财政支持兽医事业发展的长效保障机制，建立适应国家兽医事业发展要求的公共财政支持政策。突出财政支持兽医发展的重点领域，优化支持兽医发展的财政投入结构，探索政府、企业、社会等经费多方投入机制，加强兽医事业资金投入的效益评价。

进一步加大对兽医卫生基础设施建设投入力度，制定实施全国动物防疫体系建设二期规划，加强动物卫生监督执法和畜产品质量安全监管体系建设，支持和完善边境地区、基层动物疫病预防控制和检疫监管等基础设施建设。通过完善的兽医卫生基础设施，保障重大动物疫病预防监测系统、重大动物疫病应急处置系统、动物检疫监督系统、兽药质量监察和兽药残留监控系统、动物防疫技术支撑系统、动物标识及动物产品追溯系统等有效运转。

三、加强规划实施的组织领导

各地要全面贯彻落实《动物防疫法》等法律法规和《国务院关于推进兽医管理体制改革的若干意见》等文件精神，站在经济与社会协调发展和全面履行政府职能的高度，全面贯彻落实科学发展观，坚持以人为本，把兽医事业纳入公共卫生的管理范畴，作为政府社会管理和公共服务的重要职责，进一步理顺各部门工作职责，加强对兽医事业发展的领导，加强对实施本规划的组织领导。明确企业、协会、养殖户的责任和义务。大力宣传兽医科普知识和政策措施，营造全社会理解支持、关心参与兽医工作的良好氛围，引导形成推动兽医事业发展强大合力，努力开创兽医事业发展新局面。

各级兽医部门要把思想和认识统一到本规划的部署上来，牢牢把握科学发展主题和转变发展方式主线，坚持立足经济社会发展全局，集思广益，结合实际，大胆创新。综合运用法律、行政、经济、技术等手段，认真谋划好本地区"十二五"兽医事业发展思路和重点。积极争取党委政府支持，加强与有关部门的沟通协调，及时提出建议，争取重大政策支持。加强与社会化兽医服务机构和行业自律组织等非政府组织沟通协作，加强年度计划与规划的衔接，对重要工作设置年度目标，充分体现本规划总体目标和重点任务。认真组织实施好本规划各项重点工作和本地区具体规划，确保顺利推进各项重点任务，全面实现规划目标。

国家中长期动物疫病防治规划
（2012—2020年）

国务院办公厅关于印发国家中
长期动物 疫病防治规划
（2012—2020 年） 的通知

国办发〔2012〕31 号

各省、自治区、直辖市人民政府，国务院各部委、各直属机构：

《国家中长期动物疫病防治规划（2012—2020 年)》已经国务院同意，现印发给你们，请认真贯彻执行。

国务院办公厅

二〇一二年五月二十日

国家中长期动物疫病防治规划 （2012—2020 年）

动物疫病防治工作关系国家食物安全和公共卫生安全，关系社会和谐稳定，是政府社会管理和公共服务的重要职责，是农业农村工作的重要内容。为加强动物疫病防治工作，依据动物防疫法等相关法律法规，编制本规划。

一、面临的形势

经过多年努力，我国动物疫病防治工作取得了显著成效，有效防控了口蹄疫、高致病性禽流感等重大动物疫病，有力保障了北京奥运会、上海世博会等重大活动的动物产品安全，成功应对了汶川特大地震等重大自然灾害的灾后防疫，为促进农业农村经济平稳较快发展、提高人民群众生活水平、保障社会和谐稳定作出了重要贡献。但是，未来一段时期我国动物疫病防治任务仍然十分艰巨。

（一） 动物疫病防治基础更加坚实

近年来，在中央一系列政策措施支持下，动物疫病防治工作基础不断强化。法律体系基本形成，国家修订了动物防疫法，制定了兽药管理条例和重大动物疫情应急条例，出台了应急预案、防治规范和标准。相关制度不断完善，落实了地方政府责任制，建立了强制免疫、监测预警、应急处置、区域化管理等制度。工作体系逐步健全，初步构建了行政管理、监督执法和技术支撑体系，动物疫病监测、检疫监督、兽药质量监察和残留监控、野生动物疫源疫病监测等方面的基础设施得到改善。科技支撑能力不断加强，一批病原学和流行病学研究、新型疫苗和诊断试剂研制、综合防治技术集成示范等科研成果转化为实用技术和产品。我国兽医工作的国际地位明显提升，恢复了在世界动物卫生组织的合法权利，实施跨境动物疫病联防联控，有序开展国际交流与合作。

（二） 动物疫病流行状况更加复杂

我国动物疫病病种多、病原复杂、流行范围广。口蹄疫、高致病性禽流感等重大动物疫病仍在部分区域呈流行态势，存在免疫带毒和免疫临床发病现象。布鲁氏菌病、狂犬病、包虫病等人畜共患病呈上升趋势，局部地区甚至出现暴发流行。牛海绵状脑病（疯牛病）、非洲猪瘟等外来动物疫病传入风险持续存在，全球动物疫情日趋复杂。随着畜牧业生产规模不断扩大，养殖密度不断增加，畜禽感染病原机会增多，病原变异几率加大，新发疫病发生风险增加。研究表明，70%的动物疫病可以传染给人类，75%的人类新发传染病来源于动物或动物源性食品，动物疫病如不加强防治，将会严重危害公共卫生安全。

（三） 动物疫病防治面临挑战

人口增长、人民生活质量提高和经济发展方式转变，对养殖业生产安全、动物产品质量安全和公共卫生安全的要求不断提高，我国动物疫病防治正在从有效控制向逐步净化消灭过渡。全球兽医工作定位和任务发生深刻变化，正在向以动物、人类和自然和谐发展为主的现代兽医阶段过渡，需要我国不断提升与国际兽医规则相协调的动物卫生保护能力和水平。随着全球化进程加快，动物疫病对动物产品国际贸易的制约更加突出。目前，我国兽医管理体制改革进展不平衡，基层基础设施和队伍力量薄弱，活畜禽跨区调运和市场准入机制不健全，野生动物疫源疫病监测工作起步晚，动物疫病防治仍面临不少困难和问题。

二、指导思想、基本原则和防治目标

（一）指导思想

以邓小平理论和"三个代表"重要思想为指导，深入贯彻落实科学发展观，坚持"预防为主"和"加强领导、密切配合，依靠科学、依法防治，群防群控、果断处置"的方针，把动物疫病防治作为重要民生工程，以促进动物疫病科学防治为主题，以转变兽医事业发展方式为主线，以维护养殖业生产安全、动物产品质量安全、公共卫生安全为出发点和落脚点，实施分病种、分区域、分阶段的动物疫病防治策略，全面提升兽医公共服务和社会化服务水平，有计划地控制、净化和消灭严重危害畜牧业生产和人民群众健康安全的动物疫病，为全面建设小康社会、构建社会主义和谐社会提供有力支持和保障。

（二）基本原则

——政府主导，社会参与。地方各级人民政府负总责，相关部门各负其责，充分调动社会力量广泛参与，形成政府、企业、行业协会和从业人员分工明确、各司其职的防治机制。

——立足国情，适度超前。立足我国国情，准确把握动物防疫工作发展趋势，科学判断动物疫病流行状况，合理设定防治目标，开展科学防治。

——因地制宜，分类指导。根据我国不同区域特点，按照动物种类、养殖模式、饲养用途和疫病种类，分病种、分区域、分畜禽实行分类指导、差别化管理。

——突出重点，统筹推进。整合利用动物疫病防治资源，确定国家优先防治病种，明确中央事权和地方事权，突出重点区域、重点环节、重点措施，加强示范推广，统筹推进动物防疫各项工作。

（三）防治目标

到2020年，形成与全面建设小康社会相适应，有效保障养殖业生产安全、动物产品质量安全和公共卫生安全的动物疫病综合防治能力。口蹄疫、高致病性禽流感等16种优先防治的国内动物疫病达到规划设定的考核标准，生猪、家禽、牛、羊发病率分别下降到 5%、6%、4%、3% 以下，动物发病率、死亡率和公共卫生风险显著降低。牛海绵状脑病、非洲猪瘟等 13 种重点防范的外来动物疫病传入和扩散风险有效降低，外来动物疫病防范和处置能力明显提高。基础设施和机构队伍更加健全，法律法规和科技保障体系更加完善，财政投入机制更加稳定，社会化服务水平全面提高。

专栏 1　优先防治和重点防范的动物疫病

优先防治的国内动物疫病（16 种）	一类动物疫病（5 种）：口蹄疫（A 型、亚洲 I 型、O 型）、高致病性禽流感、高致病性猪蓝耳病、猪瘟、新城疫。 二类动物疫病（11 种）：布鲁氏菌病、奶牛结核病、狂犬病、血吸虫病、包虫病、马鼻疽、马传染性贫血、沙门氏菌病、禽白血病、猪伪狂犬病、猪繁殖与呼吸综合征（经典猪蓝耳病）。
重点防范的外来动物疫病（13 种）	一类动物疫病（9 种）：牛海绵状脑病、非洲猪瘟、绵羊痒病、小反刍兽疫、牛传染性胸膜肺炎、口蹄疫（C 型、SAT1 型、SAT2 型、SAT3 型）、猪水泡病、非洲马瘟、H7 亚型禽流感。 未纳入病种分类名录、但传入风险增加的动物疫病（4 种）：水疱性口炎、尼帕病、西尼罗河热、裂谷热。

三、总体策略

统筹安排动物疫病防治、现代畜牧业和公共卫生事业发展，积极探索有中国特色的动物疫病防治模式，着力破解制约动物疫病防治的关键性问题，建立健全长效机制，强化条件保障，实施计划防治、健康促进和风险防范策略，努力实现重点疫病从有效控制到净化消灭。

（一）重大动物疫病和重点人畜共患病计划防治策略

有计划地控制、净化、消灭对畜牧业和公共卫生安全危害大的重点病种，推进重点病种从免疫临床发病向免疫临床无病例过渡，逐步清除动物机体和环境中存在的病原，为实现免疫无疫和非免疫无疫奠定基础。基于疫病流行的动态变化，科学选择防治技术路线。调整强制免疫和强制扑杀病种要按相关法律法规规定执行。

（二）畜禽健康促进策略

健全种用动物健康标准，实施种畜禽场疫病净化计划，对重点疫病设定净化时限。完善养殖场所动物防疫条件审查等监管制度，提高生物安全水平。定期实施动物健康检测，推行无特定病原场（群）和生物安全隔离区评估认证。扶持规模化、标准化、集约化养殖，逐步降低畜禽散养比例，有序减少活畜禽跨区流通。引导养殖者封闭饲养，统一防疫，定期监测，严格消毒，降低动物疫病发生风险。

（三）外来动物疫病风险防范策略

强化国家边境动物防疫安全理念，加强对境外流行、尚未传入的重点动物疫病风险管理，建立国家边境动物防疫安全屏障。健全边境疫情监测制度和突发疫情应急处置机制，加强联防联控，强化技术和物资储备。完善入境动物和动物产品风险评估、检疫准入、境外预检、境外企业注册登记、可追溯管理等制度，全面加强外来动物疫病监视监测能力建设。

四、优先防治病种和区域布局

（一）优先防治病种

根据经济社会发展水平和动物卫生状况，综合评估经济影响、公共卫生影响、疫病传播能力，以及防疫技术、经济和社会可行性等各方面因素，确定优先防治病种并适时调整。除已纳入本规划的病种外，对陆生野生动物疫源疫病、水生动物疫病和其他畜禽流行病，根据疫病流行状况和所造成的危害，适时列入国家优先防治范围。各地要结合当地实际确定辖区内优先防治的动物疫病，除本规划涉及的疫病外，还应将对当地经济社会危害或潜在危害严重的陆生野生动物疫源疫病、水生动物疫病、其他畜禽流行病、特种经济动物疫病、宠物疫病、蜂病、蚕病等纳入防治范围。

（二）区域布局，国家对动物疫病实行区域化管理

——国家优势畜牧业产业带。对东北、中部、西南、沿海地区生猪优势区，加强口蹄疫、高致病性猪蓝耳病、猪瘟等生猪疫病防治，优先实施种猪场疫病净化。对中原、东北、西北、西南等肉牛肉羊优势区，加强口蹄疫、布鲁氏菌病等牛羊疫病防治。对中原和东北蛋鸡主产区、南方水网地区水禽主产区，加强高致病性禽流感、新城疫等禽类疫病防治，优先实施种禽场疫病净化。对东北、华北、西北及大城市郊区等奶牛优势区，加强口蹄疫、布鲁氏菌病和奶牛结核病等奶牛疫病防治。

——人畜共患病重点流行区。对北京、天津、河北、山西、内蒙古、辽

宁、吉林、黑龙江、山东、河南、陕西、甘肃、青海、宁夏、新疆15个省（自治区、市）和新疆生产建设兵团，重点加强布鲁氏菌病防治。对河北、山西、江西、山东、湖北、湖南、广东、广西、重庆、四川、贵州、云南12个省（自治区、市），重点加强狂犬病防治。对江苏、安徽、江西、湖北、湖南、四川、云南7个省，重点加强血吸虫病防治。对内蒙古、四川、西藏、甘肃、青海、宁夏、新疆7个省（自治区）和新疆生产建设兵团，重点加强包虫病防治。

——外来动物疫病传入高风险区。对边境地区、野生动物迁徙区以及海港空港所在地，加强外来动物疫病防范。对内蒙古、吉林、黑龙江等东北部边境地区，重点防范非洲猪瘟、口蹄疫和H7亚型禽流感。对新疆边境地区，重点防范非洲猪瘟和口蹄疫。对西藏边境地区，重点防范小反刍兽疫和H7亚型禽流感。对广西、云南边境地区，重点防范口蹄疫等疫病。

——动物疫病防治优势区。在海南岛、辽东半岛、胶东半岛等自然屏障好、畜牧业比较发达、防疫基础条件好的区域或相邻区域，建设无疫区。在大城市周边地区、标准化养殖大县（市）等规模化、标准化、集约化水平程度较高地区，推进生物安全隔离区建设。

五、重点任务

根据国家财力、国内国际关注和防治重点，在全面掌握疫病流行态势、分布规律的基础上，强化综合防治措施，有效控制重大动物疫病和主要人畜共患病，净化种畜禽重点疫病，有效防范重点外来动物疫病。农业部要会同有关部门制定口蹄疫（A型、亚洲I型、O型）、高致病性禽流感、布鲁氏菌病、狂犬病、血吸虫病、包虫病的防治计划，出台高致病性猪蓝耳病、猪瘟、新城疫、奶牛结核病、种禽场疫病净化、种猪场疫病净化的指导意见。

（一）控制重大动物疫病

开展严密的病原学监测与跟踪调查，为疫情预警、防疫决策及疫苗研制与应用提供科学依据。改进畜禽养殖方式，净化养殖环境，提高动物饲养、屠宰等场所防疫能力。完善检疫监管措施，提高活畜禽市场准入健康标准，提升检疫监管质量水平，降低动物及其产品长距离调运传播疫情的风险。严格执行疫情报告制度，完善应急处置机制和强制扑杀政策，建立扑杀动物补贴评估制度。完善强制免疫政策和疫苗招标采购制度，明确免疫责任主体，逐步建立强制免疫退出机制。完善区域化管理制度，积极推动无疫区和生物安全隔离区建设。

专栏2　重大动物疫病防治考核标准

疫　病		到 2015 年	到 2020 年
口蹄疫	A 型	A 型全国达到净化标准	全国达到免疫无疫标准
	亚洲 I 型	全国达到免疫无疫标准	全国达到非免疫无疫标准
	O 型	海南岛达到非免疫无疫标准；辽东半岛、胶东半岛达到免疫无疫标准；其他区域达到控制标准	海南岛、辽东半岛、胶东半岛达到非免疫无疫标准；北京、天津、辽宁（不含辽东半岛）、吉林、黑龙江、上海达到免疫无疫标准；其他区域维持控制标准
高致病性禽流感		生物安全隔离区达到免疫无疫或非免疫无疫标准；海南岛、辽东半岛、胶东半岛达到免疫无疫标准；其他区域达到控制标准	生物安全隔离区和海南岛、辽东半岛、胶东半岛达到非免疫无疫标准；北京、天津、辽宁（不含辽东半岛）、黑龙江、上海、山东（不含胶东半岛）、河南达到免疫无疫标准；其他区域维持控制标准
高致病性猪蓝耳病		部分区域达到控制标准	全国达到控制标准
猪瘟		部分区域达到净化标准	进一步扩大净化区域
新城疫		部分区域达到控制标准	全国达到控制标准

（二）控制主要人畜共患病

注重源头管理和综合防治，强化易感人群宣传教育等干预措施，加强畜牧兽医从业人员职业保护，提高人畜共患病防治水平，降低疫情发生风险。对布鲁氏菌病，建立牲畜定期检测、分区免疫、强制扑杀政策，强化动物卫生监督和无害化处理措施。对奶牛结核病，采取检疫扑杀、风险评估、移动控制相结合的综合防治措施，强化奶牛健康管理。对狂犬病，完善犬只登记管理，实施全面免疫，扑杀病犬。对血吸虫病，重点控制牛羊等牲畜传染源，实施农业综合治理。对包虫病，落实驱虫、免疫等预防措施，改进动物饲养条件，加强屠宰管理和检疫。

专栏3　主要人畜共患病防治考核标准

疫　病	到 2015 年	到 2020 年
布鲁氏菌病	北京、天津、河北、山西、内蒙古、辽宁、吉林、黑龙江、山东、河南、陕西、甘肃、青海、宁夏、新疆15个省（自治区、直辖市）和新疆生产建设兵团达到控制标准；其他区域达到净化标准	河北、山西、内蒙古、辽宁、吉林、黑龙江、陕西、甘肃、青海、宁夏、新疆11个省（自治区）和新疆生产建设兵团维持控制标准；海南岛达到消灭标准；其他区域达到净化标准
奶牛结核病	北京、天津、上海、江苏4个省（直辖市）达到净化标准；其他区域达到控制标准	北京、天津、上海、江苏4个省（直辖市）维持净化标准；浙江、山东、广东3个省达到净化标准；其余区域达到控制标准
狂犬病	河北、山西、江西、山东、湖北、湖南、广东、广西、重庆、四川、贵州、云南12个省（自治区、直辖市）狂犬病病例数下降50%；其他区域达到控制标准	全国达到控制标准
血吸虫病	全国达到传播控制标准	全国达到传播阻断标准
包虫病	除内蒙古、四川、西藏、甘肃、青海、宁夏、新疆7个省（自治区）和新疆生产建设兵团外的其他区域达到控制标准	全国达到控制标准

（三）消灭马鼻疽和马传染性贫血

当前，马鼻疽已经连续三年以上未发现病原学阳性，马传染性贫血已连续三年以上未发现临床病例，均已经具备消灭基础。加快推进马鼻疽和马传染性贫血消灭行动，开展持续监测，对竞技娱乐用马以及高风险区域的马属动物开展重点监测。严格实施阳性动物扑杀措施，完善补贴政策。严格检疫监管，建立申报检疫制度。到2015年，全国消灭马鼻疽；到2020年，全国消灭马传染性贫血。

（四）净化种畜禽重点疫病

引导和支持种畜禽企业开展疫病净化。建立无疫企业认证制度，制定健康标准，强化定期监测和评估。建立市场准入和信息发布制度，分区域制定市场准入条件，定期发布无疫企业信息。引导种畜禽企业增加疫病防治经费投入。

专栏4 种畜禽重点疫病净化考核标准

疫　病	到2015年	到2020年
高致病性禽流感、新城疫、沙门氏菌病、禽白血病	全国祖代以上种鸡场达到净化标准	全国所有种鸡场达到净化标准
高致病性猪蓝耳病、猪瘟、猪伪狂犬病、猪繁殖与呼吸综合征	原种猪场达到净化标准	全国所有种猪场达到净化标准

（五）防范外来动物疫病传入

强化跨部门协作机制，健全外来动物疫病监视制度、进境动物和动物产品风险分析制度，强化入境检疫和边境监管措施，提高外来动物疫病风险防范能力。加强野生动物传播外来动物疫病的风险监测。完善边境等高风险区域动物疫情监测制度，实施外来动物疫病防范宣传培训计划，提高外来动物疫病发现、识别和报告能力。分病种制定外来动物疫病应急预案和技术规范，在高风险区域实施应急演练，提高应急处置能力。加强国际交流合作与联防联控，健全技术和物资储备，提高技术支持能力。

六、能力建设

（一）提升动物疫情监测预警能力

建立以国家级实验室、区域实验室、省市县三级动物疫病预防控制中心为主体，分工明确、布局合理的动物疫情监测和流行病学调查实验室网络。构建重大动物疫病、重点人畜共患病和动物源性致病微生物病原数据库。加强国家疫情测报站管理，完善以动态管理为核心的运行机制。加强外来动物疫病监视监测网络运行管理，强化边境疫情监测和边境巡检。加强宠物疫病监测和防治。加强野生动物疫源疫病监测能力建设。加强疫病检测诊断能力建设和诊断试剂管理。充实各级兽医实验室专业技术力量。实施国家和区域动物疫病监测计划，增加疫情监测和流行病学调查经费投入。

（二）提升突发疫情应急管理能力

加强各级突发动物疫情应急指挥机构和队伍建设，完善应急指挥系统运行机制。健全动物疫情应急物资储备制度，县级以上人民政府应当储备应急处理工作所需的防疫物资，配备应急交通通讯和疫情处置设施设备，增配人员物资快速运送和大型消毒设备。完善突发动物疫情应急预案，加强应急演练。进一步完善疫病处置扑杀补贴机制，对在动物疫病预防、控制、扑灭过程中强制扑杀、销毁的动物产品和相关物品给予补贴。将重点动物疫病纳入畜牧业保险保障范围。

（三）提升动物疫病强制免疫能力

依托县级动物疫病预防控制中心、乡镇兽医站和村级兽医室，构建基层动物疫病强制免疫工作网络，强化疫苗物流冷链和使用管理。组织开展乡村兽医登记，优先从符合条件的乡村兽医中选用村级防疫员，实行全员培训上岗。完善村级防疫员防疫工作补贴政策，按照国家规定采取有效的卫生防护和医疗保健措施。加强企业从业兽医管理，落实防疫责任。逐步推行在乡镇政府领导、县级畜牧兽医主管部门指导和监督下，以养殖企业和个人为责任主体，以村级防疫员、执业兽医、企业从业兽医为技术依托的强制免疫模式。建立强制免疫应激反应死亡动物补贴政策。加强兽用生物制品保障能力建设。完善人畜共患病菌毒种库、疫苗和诊断制品标准物质库，开展兽用生物制品使用效果评价。加强兽用生物制品质量监管能力建设，建立区域性兽用生物制品质量检测中心。支持兽用生物制品企业技术改造、生产工艺及质量控制关键技术研究。加强对兽用生物制品产业的宏观调控。

（四）提升动物卫生监督执法能力

加强基层动物卫生监督执法机构能力建设，严格动物卫生监督执法，保障日常工作经费。强化动物卫生监督检查站管理，推行动物和动物产品指定通道出入制度，落实检疫申报、动物隔离、无害化处理等措施。完善养殖环节病死动物及其无害化处理财政补贴政策。实施官方兽医制度，全面提升执法人员素质。完善规范和标准，推广快速检测技术，强化检疫手段，实施全程动态监管，提高检疫监管水平。

（五）提升动物疫病防治信息化能力

加大投入力度，整合资源，充分运用现代信息技术，加强国家动物疫病防治信息化建设，提高疫情监测预警、疫情应急指挥管理、兽医公共卫生管理、动物卫生监督执法、动物标识及疫病可追溯、兽用生物制品监管以及执业兽医考试和兽医队伍管理等信息采集、传输、汇总、分析和评估能力。加强信息系统运行维护和安全管理。

（六）提升动物疫病防治社会化服务能力

充分调动各方力量，构建动物疫病防治社会化服务体系。积极引导、鼓励和支持动物诊疗机构多元化发展，不断完善动物诊疗机构管理模式，开展动物诊疗机构标准化建设。加强动物养殖、运输等环节管理，依法强化从业人员的动物防疫责任主体地位。建立健全地方兽医协会，不断完善政府部门与私营部门、行业协会合作机制。引导社会力量投入，积极运用财政、金融、保险、税收等政策手段，支持动物疫病防治社会化服务体系有效运行。加强兽医机构和兽医人员提供社会化服务的收费管理，制定经营服务性收费标准。

七、保障措施

（一）法制保障

根据世界贸易组织有关规则，参照国际动物卫生法典和国际通行做法，健全动物卫生法律法规体系。认真贯彻实施动物防疫法，加快制订和实施配套法规与规章，尤其是强化动物疫病区域化管理、活畜禽跨区域调运、动物流通检疫监管、强制隔离与扑杀等方面的规定。完善兽医管理的相关制度。及时制定动物疫病控制、净化和消灭标准以及相关技术规范。各地要根据当地实际，制定相应规章制度。

（二）体制保障

按照"精简、统一、效能"的原则，健全机构、明确职能、理顺关系，逐步建立起科学、统一、透明、高效的兽医管理体制和运行机制。健全兽医行政管理、监督执法和技术支撑体系，稳定和强化基层动物防疫体系，切实加强机构队伍建设。明确动物疫病预防控制机构的公益性质。进一步深化兽医管理体制改革，建设以官方兽医和执业兽医为主体的新型兽医制度，建立有中国特色的兽医机构和兽医队伍评价机制。建立起内检与外检、陆生动物与水生动物、养殖动物与野生动物协调统一的管理体制。健全各类兽医培训机构，建立官方兽医和执业兽医培训机制，加强技术培训。充分发挥军队兽医卫生机构在国家动物防疫工作中的作用。

（三）科技保障

国家支持开展动物疫病科学研究，推广先进实用的科学研究成果，提高动物疫病防治的科学化水平。加强兽医研究机构、高等院校和企业资源集成融合，充分利用全国动物防疫专家委员会、国家参考实验室、重点实验室、专业实验室、大专院校兽医实验室以及大中型企业实验室的科技资源。强化兽医基础性、前沿性、公益性技术研究平台建设，增强兽医科技原始创新、集成创新和引进消化吸收再创新能力。依托科技支撑计划、"863" 计划、"973" 计划等国家科技计划，攻克一批制约动物疫病防治的关键技术。在基础研究方面，完善动物疫病和人畜共患病研究平台，深入开展病原学、流行病学、生态学研究。在诊断技术研究方面，重点引导和支持科技创新，构建诊断试剂研发和推广应用平台，开发动物疫病快速诊断和高通量检测试剂。在兽用疫苗和兽医药品研究方面，坚持自主创新，鼓励发明创造，增强关键技术突破能力，支持新疫苗和兽医药品研发平台建设，鼓励细胞悬浮培养、分离纯化、免疫佐剂及保护剂等新技术研发。在综合技术示范推广方面，引导和促进科技成果向现实生产力转化，抓好技术集成示范工作。同时，加强国际兽医标准和规则研究。培养兽医行业科技领军人才、管理人才、高技能人才，以及兽医实用技术推广骨干人才。

（四）条件保障

县级以上人民政府要将动物疫病防治纳入本级经济和社会发展规划及年度计划，将动物疫病监测、预防、控制、扑灭、动物产品有毒有害物质残留检测管理等工作所需经费纳入本级财政预算，实行统一管理。加强经费使用管理，保障公益性事业经费支出。对兽医行政执法机构实行全额预算管理，保证其人员经费和日常运转费用。中央财政对重大动物疫病的强制免疫、监测、扑杀、无害化处理等工作经费给予适当补助，并通过国家科技计划（专项）等对相关领域的研究进行支持。地方财政主要负担地方强制免疫疫病的免疫和扑杀经费、开展动物防疫所需的工作经费和人员经费，以及地方专项动物疫病防治经费。生产企业负担本企业动物防疫工作的经费支出。加强动物防疫基础设施建设，编制和实施动物防疫体系建设规划，进一步健全完善动物疫病预防控制、动物卫生监督执法、兽药监察和残留监控、动物疫病防治技术支撑等基础设施。

八、组织实施

（一）落实动物防疫责任制

地方各级人民政府要切实加强组织领导，做好规划的组织实施和监督检查。省级人民政府要根据当地动物卫生状况和经济社会发展水平，制定和实施本行政区域动物疫病防治规划。对制定单项防治计划的病种，要设定明确的约束性指标，纳入政府考核评价指标体系，适时开展实施效果评估。对在动物防疫工作、动物防疫科学研究中作出成绩和贡献的单位和个人，各级人民政府及有关部门给予奖励。

（二）明确各部门职责

畜牧兽医部门要会同有关部门提出实施本规划所需的具体措施、经费计划、防疫物资供应计划和考核评估标准，监督实施免疫接种、疫病监测、检疫检验，指导隔离、封锁、扑杀、消毒、无害化处理等各项措施的实施，开展动物卫生监督检查，打击各种违法行为。发展改革部门要根据本规划，在充分整合利用现有资源的基础上，加强动物防疫基础设施建设。财政部门要根据本规划和相关规定加强财政投入和经费管理。出入境检验检疫机构要加强入境动物及其产品的检疫。卫生部门要加强人畜共患病人间疫情防治工作，及时通报疫情和防治工作进展。林业部门要按照职责分工做好陆生野生动物疫源疫病的监测工作。公安部门要加强疫区治安管理，协助做好突发疫情应急处理、强制扑杀和疫区封锁工作。交通运输部门要优先安排紧急调用防疫物资的运输。商务部门要加强屠宰行业管理，会同有关部门支持冷鲜肉加工运输和屠宰冷藏加工企业技术改造，建设鲜肉储存运输和销售环节的冷链设施。军队和武警部队要做好自用动物防疫工作，同时加强军地之间协调配合与相互支持。

后　　记

　　本书是在农业部兽医局 2010—2011 年委托课题《兽医事业财政支持政策研究》的基础上编辑而成的。本研究得到农业部兽医局局长张仲秋、原局长李金祥，副局长张弘、黄伟忠，综合处原处长康威、副处长颜起斌，医政处吴晗处长和其他相关处室同志的鼎力支持。还得到了湖北、辽宁、江苏、四川等省份地方畜牧兽医主管部门、基层动物防疫部门负责人和村级防疫员的鼎力支持。农业部财务司原处长陈金强、农业部发展计划司副处长刘艳、湖北省畜牧兽医局副局长张纪林、中国农科院科技局副局长王长江、中国动物疫控中心处长杨龙波、农业部动物流行病学中心博士韦欣捷等专家对完善课题报告提出了重要建议。研究生刘涛、季佳媛、王德卿、黄泽颖等为本课题的资料收集与文件编辑工作提供了重要的支持。

　　研究中有一些内容借鉴了前人的研究成果，有些直接在参考文献中已注明，还有些因为无法找到出处而没有注明。中国农业科学技术出版社的史咏竹同志为本书的出版做了大量工作，提出了建设性的修改意见，课题组都一一采纳。

　　在成书之际，向为本项研究和本书的出版提供帮助的领导、专家和朋友们表示衷心感谢。对本书的不足之处，希望广大读者提出批评指导意见。

课题组

2012 年 11 月 12 日